一流本科专业一流本科课程建设系列教材

建筑工程制图习题集

主　编　莫正波　王　培　郑　杰
副主编　张效伟　刘奕捷　杨登峰　高丽燕
参　编　马晓丽　滕绍光　张亚妹　奚　卉　王贵飞　周　烨　王　勇
主　审　张　琳

机械工业出版社

本习题集是按照教育部发布的《普通高等院校工程图学课程教学基本要求》和现行的相关国家标准,并总结了多年的教学改革成果,结合编者多年的教学经验编写而成。内容章节与《建筑工程制图》(莫正波、张效伟、刘奕捷主编)相对应,包括制图基本知识,投影基本知识,点、直线、平面的投影,基本体的投影,立体的截切与相贯,工程曲面,组合体的投影图,轴测投影,建筑形体的图样画法,建筑施工图,结构施工图,设备施工图,路桥工程图,机械图。

本习题集与国家级一流本科课程"工程制图"、山东省普通本科教育课程思政示范课程"工程制图"、国家高等教育智慧教育平台课程"土建工程制图"的配套教材《建筑工程制图》(莫正波、张效伟、刘奕捷主编)配套选用,主要适合土木工程专业、给排水科学与工程、建筑环境与能源应用工程、材料科学与工程、环境工程、工程管理、工程造价、交通工程、安全工程、房地产开发与管理等专业的师生使用。

本习题集配有习题答案,免费提供给选用本习题集的授课教师。

图书在版编目(CIP)数据

建筑工程制图习题集/莫正波,王培,郑杰主编. —北京:机械工业出版社,2024.2(2025.6重印)
一流本科专业一流本科课程建设系列教材
ISBN 978-7-111-74150-3

Ⅰ.①建… Ⅱ.①莫… ②王… ③郑… Ⅲ.①建筑制图-高等学校-习题集 Ⅳ.①TU204-44

中国国家版本馆 CIP 数据核字(2023)第 205157 号

机械工业出版社(北京市百万庄大街22号 邮政编码100037)
策划编辑:李 帅　　　　　责任编辑:李 帅　高凤春
责任校对:闫玥红　梁 静　　封面设计:张 静
责任印制:单爱军
保定市中画美凯印刷有限公司印刷
2025 年 6 月第 1 版第 3 次印刷
260mm×184mm・6.5 印张・154 千字
标准书号:ISBN 978-7-111-74150-3
定价:24.90 元

电话服务　　　　　　　　网络服务
客服电话:010-88361066　　机 工 官 网:www.cmpbook.com
　　　　　010-88379833　　机 工 官 博:weibo.com/cmp1952
　　　　　010-68326294　　金 书 网:www.golden-book.com
封底无防伪标均为盗版　机工教育服务网:www.cmpedu.com

前 言

本习题集与国家级一流本科课程"工程制图"、山东省普通本科教育课程思政示范课程"工程制图"、国家高等教育智慧教育平台课程"土建工程制图"的配套教材《建筑工程制图》（莫正波、张效伟、刘奕捷主编）配套选用，本习题集的章节与配套教材的章节相对应。

"建筑工程制图"是一门实践性很强的课程，对于初学者来说，若不通过实践和训练，有一定的难度。习题和绘图作业是课程实践性教学环节的重要内容，能够帮助初学者消化和巩固课堂教学中所学的知识。

本习题集配合教材，内容上由浅入深、循序渐进，使初学者能逐渐学会运用基础理论和基本知识处理实际问题，逐步提高绘图和读图能力。

本习题集的主要内容包括：制图基本知识，投影基本知识，点、直线、平面的投影，基本体的投影，立体的截切与相贯，工程曲面，组合体的投影图，轴测投影，建筑形体的图样画法，建筑施工图，结构施工图，设备施工图，路桥工程图，机械图。任课教师可根据大纲要求，在满足教学基本要求的前提下，按照教学内容和学时安排选择习题和绘图作业供学生练习。

本习题集中的习题用铅笔完成（需要上墨的作业由教师指定）。习题中的字体和图线应按国标要求书写和绘制，各种作图应清晰准确。绘图作业中的线型和线宽应按照作业要求绘制或由教师指定。

本书由青岛理工大学的老师编写：莫正波、王培、郑杰任主编，张效伟、刘奕捷、杨登峰、高丽燕任副主编，马晓丽、滕绍光、张亚妹、奚卉、王贵飞、周烨、王勇参与编写。

本书由青岛理工大学张琳教授主审，在此表示感谢。

由于编者水平有限，书中难免存在疏漏之处，欢迎广大读者提出修正和补充意见。

编　者

目 录

前言

第 1 章 制图基本知识 …………………………… 1

第 2 章 投影基本知识 …………………………… 5

第 3 章 点、直线、平面的投影 ………………… 7

第 4 章 基本体的投影 …………………………… 19

第 5 章 立体的截切与相贯 ……………………… 23

第 6 章 工程曲面 ………………………………… 38

第 7 章 组合体的投影图 ………………………… 39

第 8 章 轴测投影 ………………………………… 53

第 9 章 建筑形体的图样画法 …………………… 58

第 10 章 建筑施工图 …………………………… 63

第 11 章 结构施工图 …………………………… 75

第 12 章 设备施工图 …………………………… 80

第 13 章 路桥工程图 …………………………… 86

第 14 章 机械图 ………………………………… 88

参考文献 ………………………………………… 97

第1章 制图基本知识　　字体练习

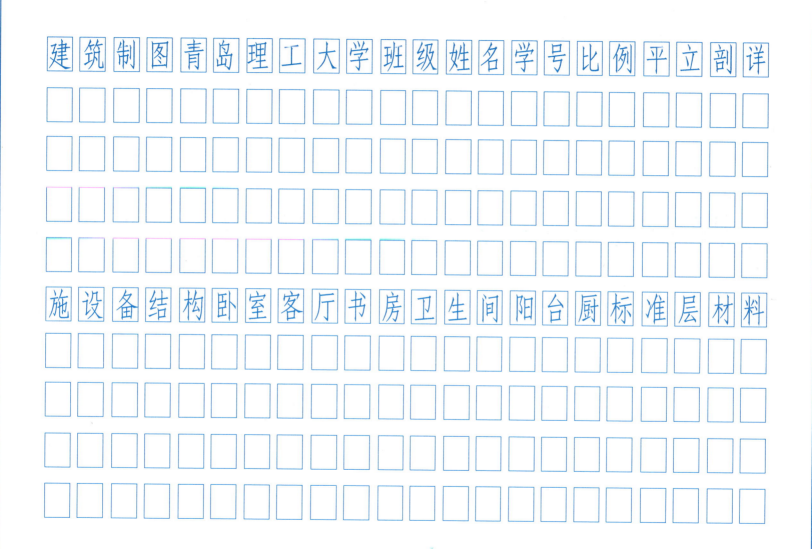

建筑制图青岛理工大学班级姓名学号比例平立剖详

施设备结构卧室客厅书房卫生间阳台厨标准层材料

第1章　制图基本知识　　字体练习

0123456789012345678 9

ABCDEFGHIJKLMNOPQRSTUVWXYZ

abcdefghijklmnopqrstuvwxyz

第1章　制图基本知识　　线型练习

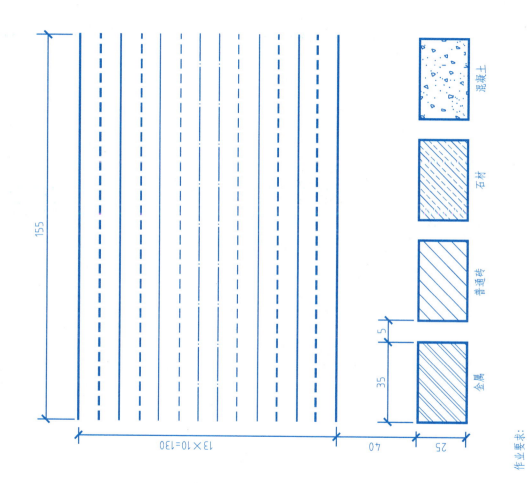

班级　　　　姓名　　　　学号

第1章 制图基本知识　　几何作图与徒手绘图

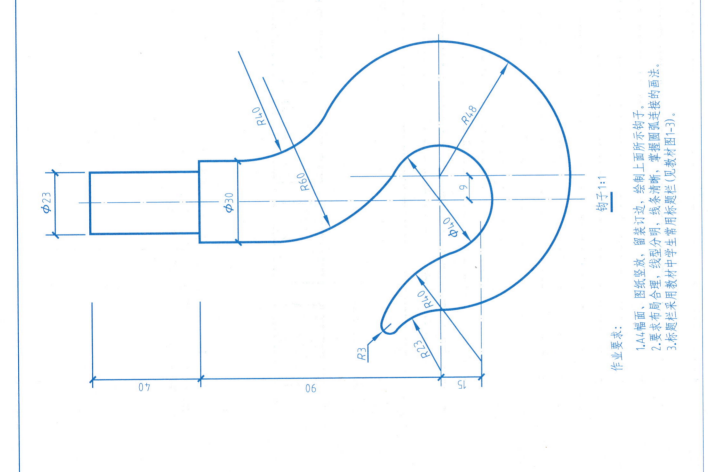

钩子 1:1

作业要求：

1. A4幅面，图纸竖放，绘制上面所示钩子。
2. 要求布局合理，线型分明，线条清晰，掌握圆弧连接的画法。
3. 标题栏采用教材中学生常用标题栏（见教材图1-3）。

徒手绘图是一种不用绘图仪器和工具而按目测比例和徒手画出图样。当设计草图以及在现场测绘时，都可以采用徒手绘图。徒手草图仍应基本上做到：图形正确，线型分明，比例均匀，字体工整，图面整洁。

请徒手设计一大学校门的正立面图，尺寸、形状、结构自定义，要求功能齐全，造型美观，结构合理。

班级　　姓名　　学号

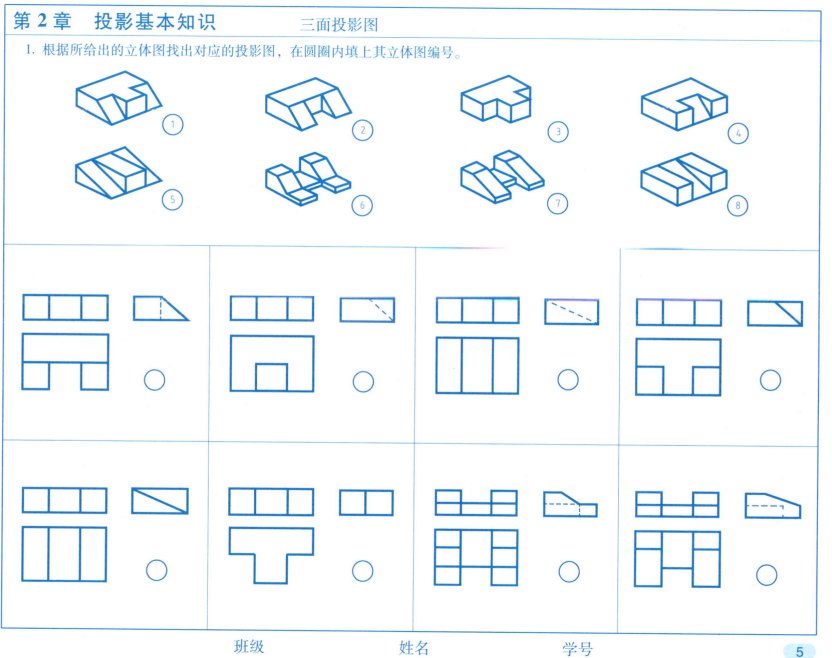

第 2 章　投影基本知识　　三面投影图

2. 根据所给出的立体图找出对应的投影图，在圆圈内填上其立体图编号。

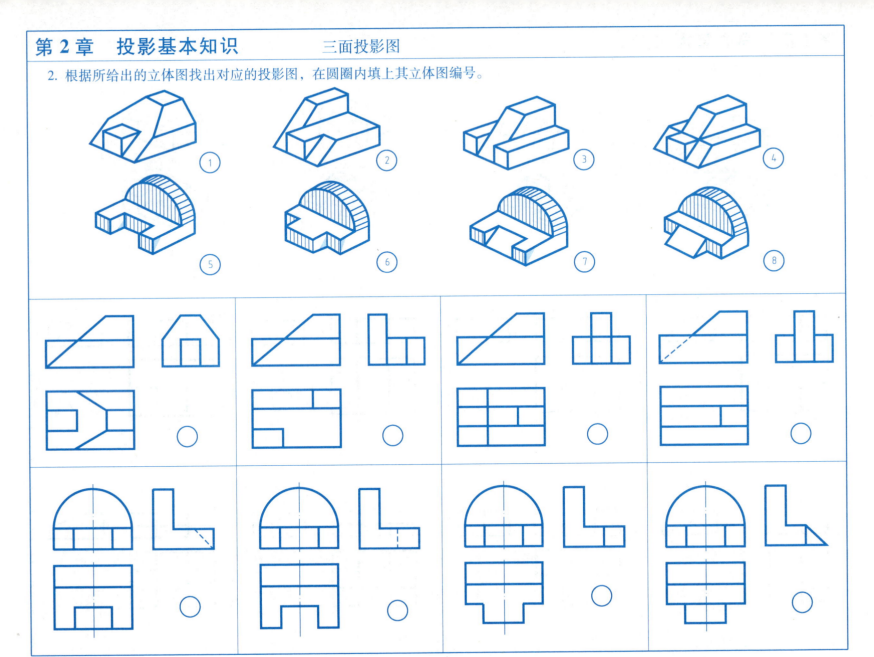

第3章 点、直线、平面的投影   点的投影

1. 根据点 A、B、C、D 的立体图，从图中量取坐标值，画出它们的投影图。

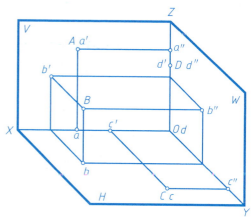

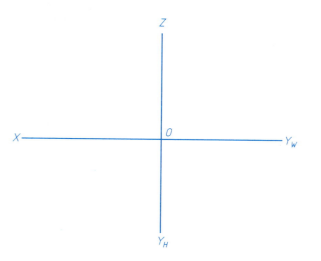

2. 已知各点的两面投影，补画第三投影。

(1)

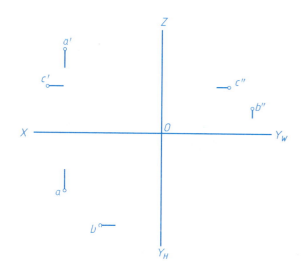

(2)

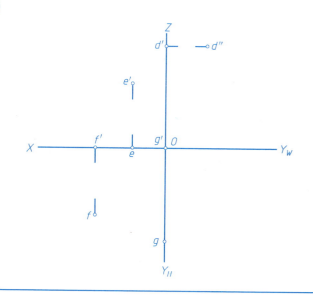

第3章 点、直线、平面的投影   点的投影

3. 判断下列各点的相对位置。

B点在A点的 ————   C点在D点的 ————

4. 已知B点在A点下方25mm，左方10mm，前方30mm，C点在A点正左方25mm，求作B、C两点的三面投影。

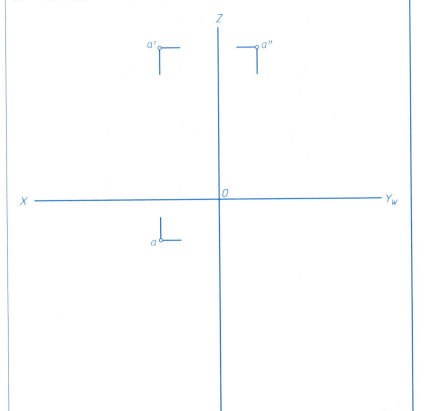

E点在F点的 ————   M点在N点的 ————

图中，____点与____点是关于____投影面的重影点，____点在____点正____方，因此____投影____可见，____点不可见。

第3章 点、直线、平面的投影   直线的投影

1. 过已知点作实长为 15mm 的线段。

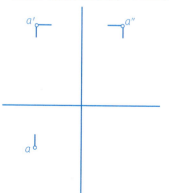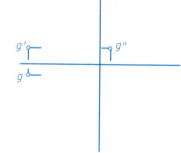

（1）作铅垂线 AB　　　　　（2）作正垂线 CD　　　　　（3）作水平线 EF，使 $\beta=60°$　　（4）作正平线 GH，使 $\alpha=45°$

2. 已知铅垂线 AB 到 V 面的距离为到 W 面的一半，求作 AB 的 H、W 投影。

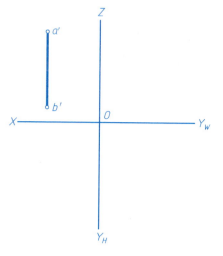

3. 已知水平线 AB 长 30mm，对 V 面夹角 $\beta=30°$，求作其两面投影。

班级　　　　　姓名　　　　　学号

第3章 点、直线、平面的投影   直线的投影

4. 判断以下三棱锥上各条棱线分别是什么位置直线。

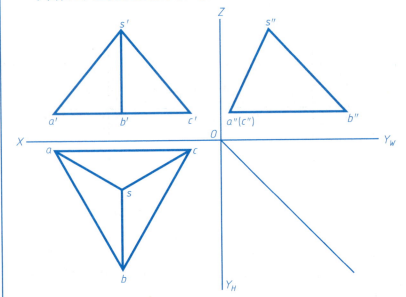

5. 已知 C 点在线段 AB 上,求出 C 点的水平投影。

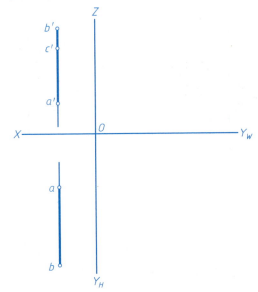

线段	线段种类	投影特性	
		实长投影	积聚投影
AB	水平线	ab	无
AC			
BC			
SA			
SB			
SC			

6. 求直线 AB 的实长以及对 H 面、V 面的夹角 α、β。

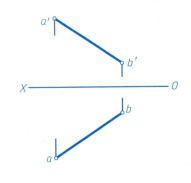

第3章 点、直线、平面的投影

直线的投影

7. 已知两交叉直线 AB 和 CD 的两面投影，求作 AB 和 CD 的第三面投影，并且标明重影点的可见性。

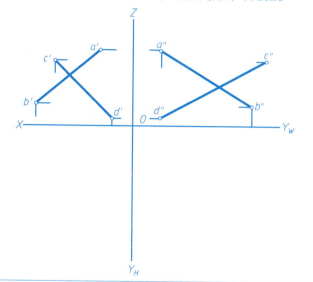

8. 判断两直线的相对位置。

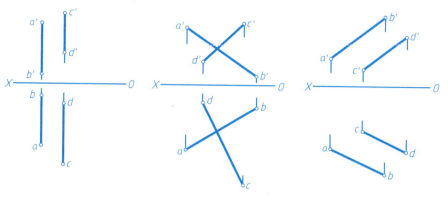

AB与CD _____   AB与CD _____   AB与CD _____

9. 求作一距 H 面 15mm 的水平线，与直线 AB、EF 都相交。

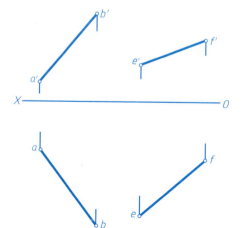

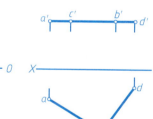
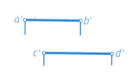

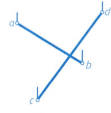
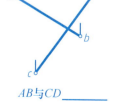
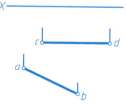

AB与CD _____   AB与CD _____   AB与CD _____

班级　　　　姓名　　　　学号

第3章 点、直线、平面的投影　　　直线的投影

10. 求作过 C 点直线 AB 的平行线 CD，AB 与 CD 指向相同，直线 CD 的实长为 25mm，完成直线 CD 的三面投影。

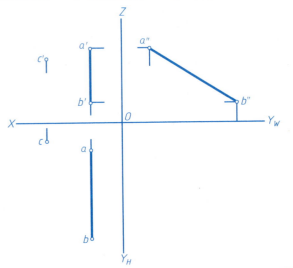

11. 求作过 E 点直线 AB 的平行线 EF，EF 与 CD 是否相交？

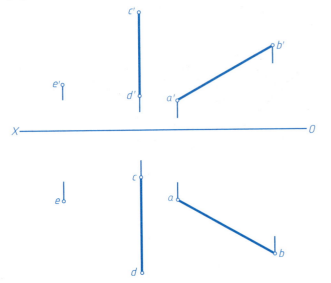

12. 完成矩形 ABCD 的两面投影。

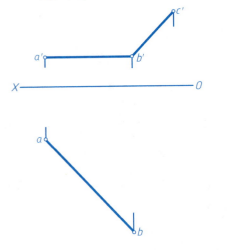

13. 求作一直线 MN 与已知直线 AB、CD 相交，且平行于直线 EF。

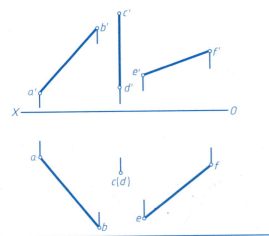

第3章 点、直线、平面的投影

平面的投影

1. 判断下列平面的位置。

(1)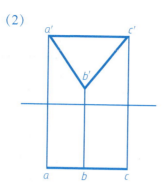

(2)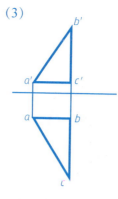

(3)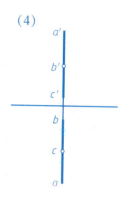

(4)

△ABC是_____面   △ABC是_____面   △ABC是_____面   △ABC是_____面

2. 求作平面的第二面投影，并判断平面在投影体系中的位置。

(1)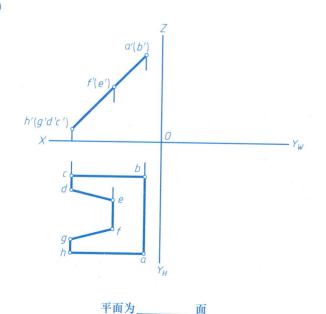

(2)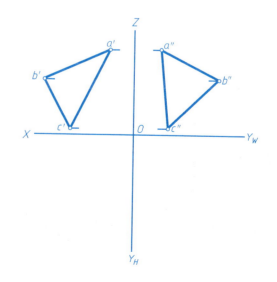

平面为_____面   平面为_____面

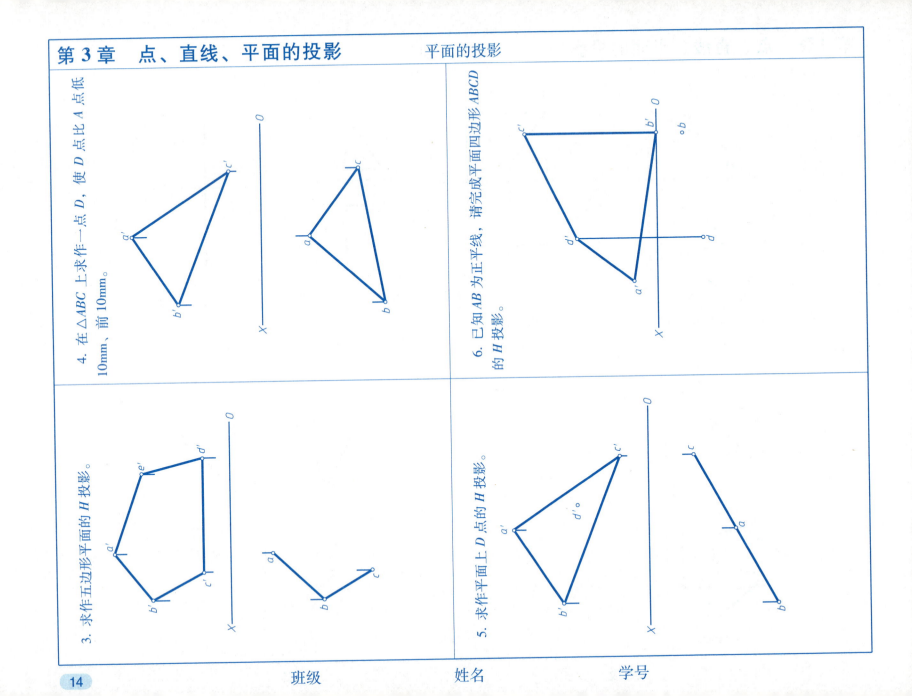

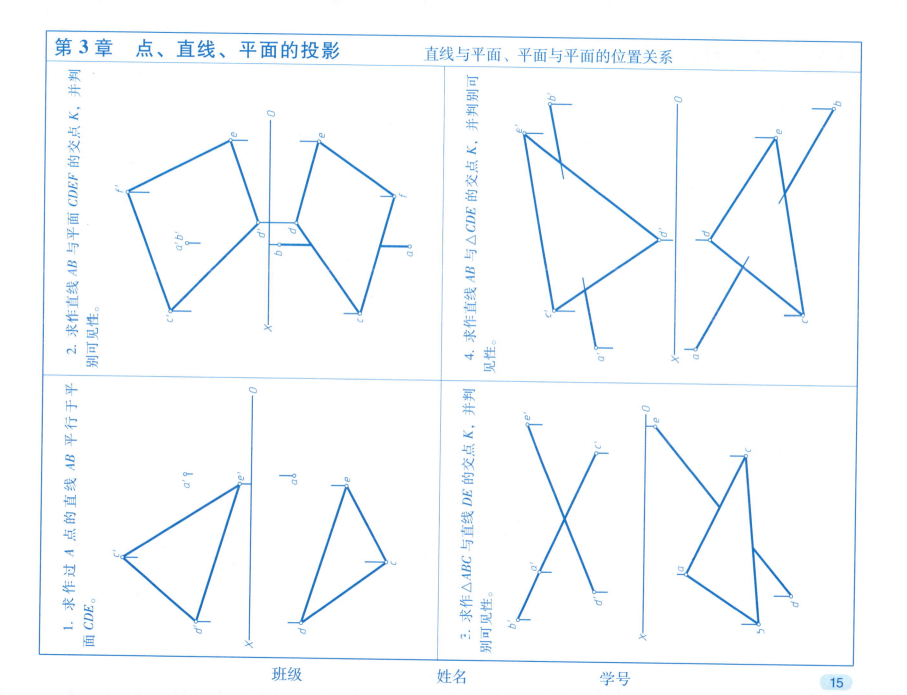

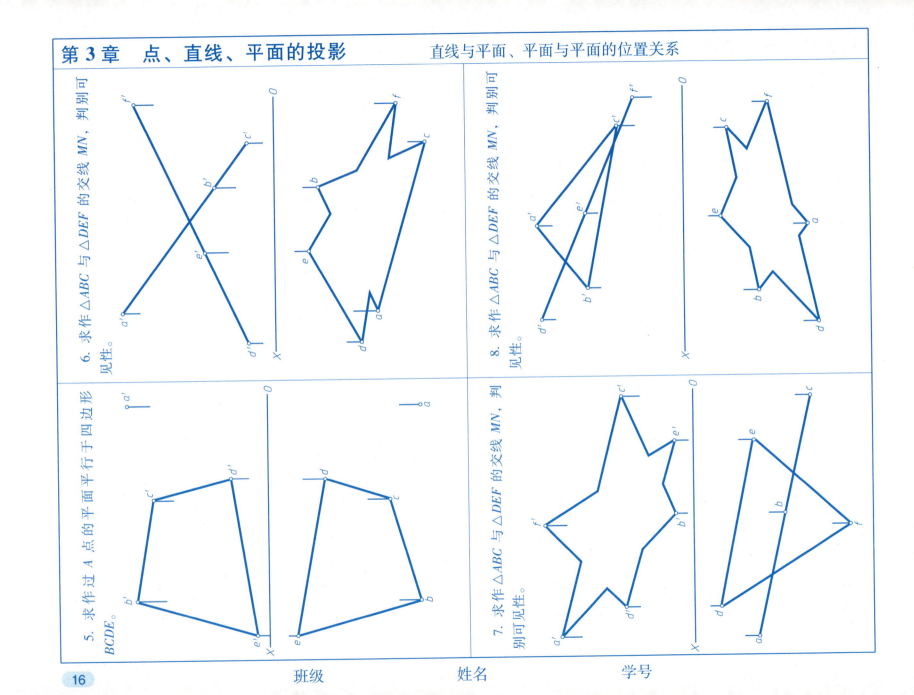

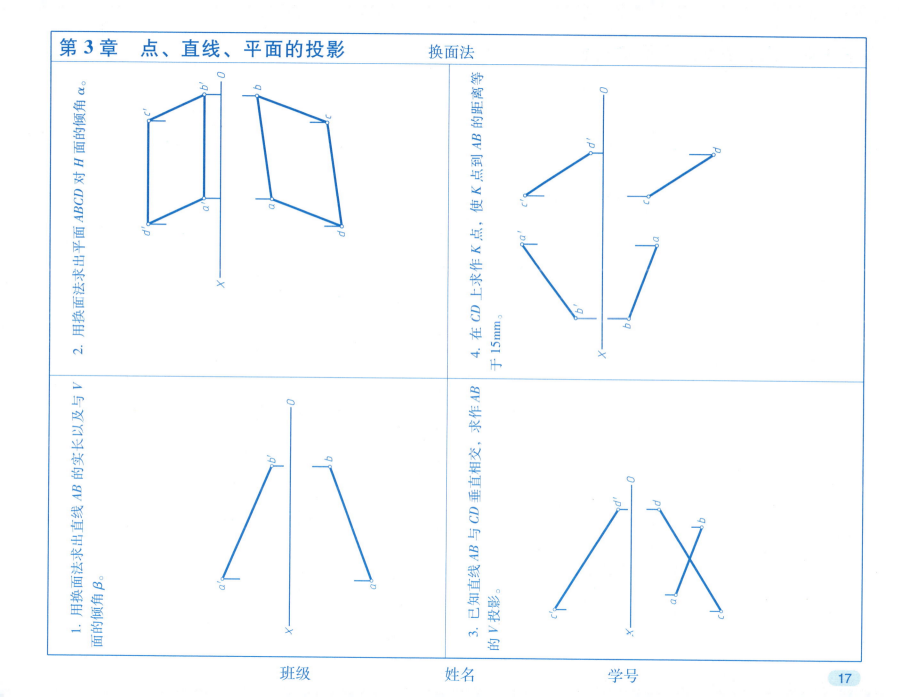

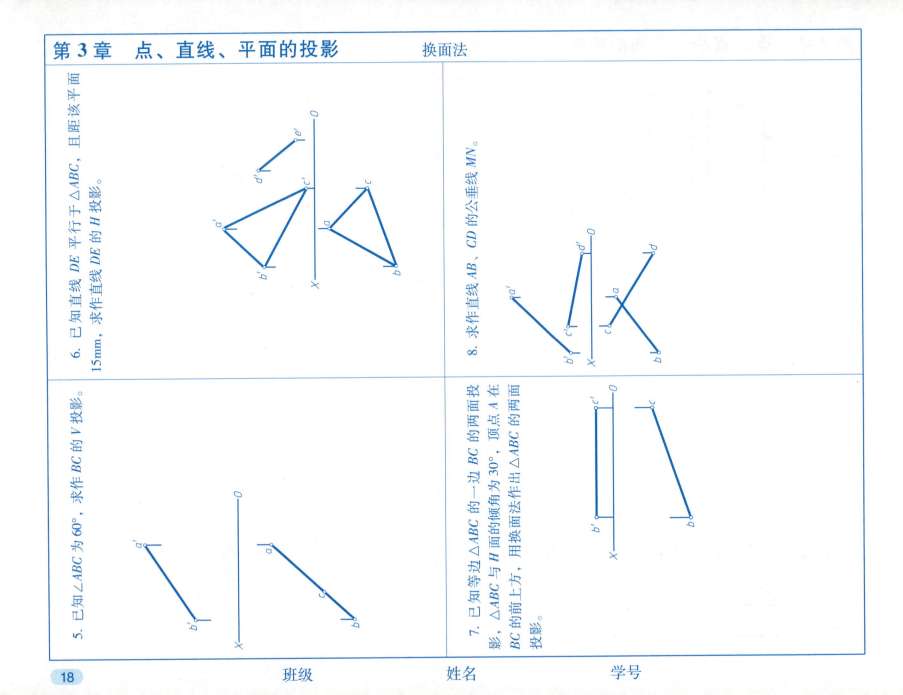

第 4 章　基本体的投影　　平面立体的投影

1. 求作五棱柱的 H 投影，并求作五棱柱表面上各点的其余两面投影。

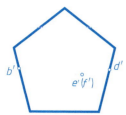
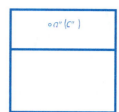

2. 补画四棱柱的 W 投影，并求作Ⅰ点、Ⅱ点的其余两面投影。

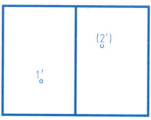
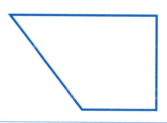

3. 求作六棱柱的正面投影，并求作表面上的折线 ABCD 的侧面投影和正面投影。

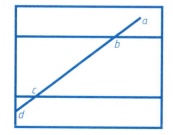

4. 求作三棱柱的侧面投影，并求作表面上的折线 ABCDEF 的水平投影和侧面投影。

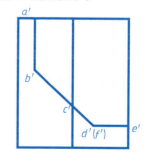
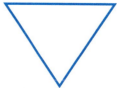

第4章 基本体的投影 平面立体的投影

5. 求作三棱锥的 W 投影，并求作三棱锥表面上各点的其余两面投影。

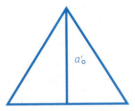
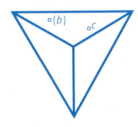

7. 求作四棱锥的 W 投影，并求作四棱锥表面上折线的其余两面投影。

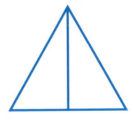

6. 补画平面立体的侧面投影，并补画立体表面上各点的其余两面投影。

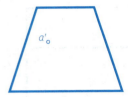
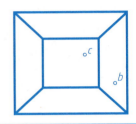

8. 补画平面立体的水平投影，并补画立体表面上各点的其余两面投影。

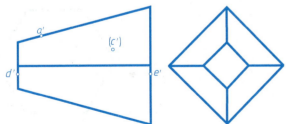

班级　　　姓名　　　学号

第4章 基本体的投影   曲面立体的投影

1. 补画圆柱的 H 投影,并补画圆柱表面上点的其余两面投影。

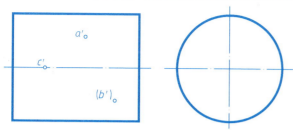

2. 补画圆柱的 W 投影,并补画圆柱表面上曲线的其余两面投影。

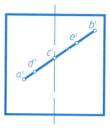

3. 完成曲面立体上所给曲线的三面投影。

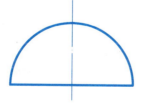
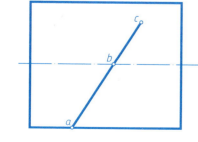

4. 求作圆锥的 W 投影,并画出圆锥表面上曲线 BC 的其余两面投影。

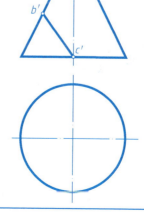

班级   姓名   学号

第 4 章 基本体的投影   曲面立体的投影

5. 求作圆锥台的 W 投影，并求作圆锥台表面上曲线 AB 的其余两面投影。

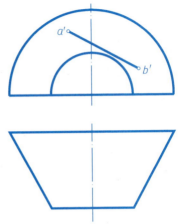

6. 求作圆锥的 W 投影，并求作圆锥表面上曲线 CD 的其余两面投影。

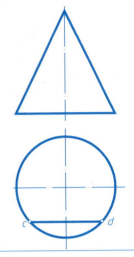

7. 用水平纬圆作辅助线求作圆球表面上 M 点的其余两面投影，用侧平圆作辅助线求作圆球表面上 N 点的其余两面投影。

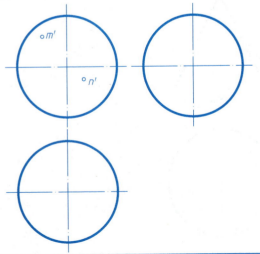

8. 完成下图曲面立体上曲线 ABC 的其余两面投影。

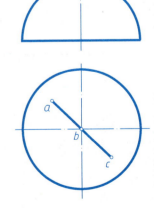

班级   姓名   学号

第 5 章 立体的截切与相贯 平面立体的截切

1. 求作被截切后的五棱柱的 H 投影。

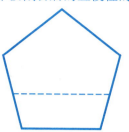 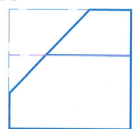

2. 求作被截切后的五棱柱的 W 投影，并补全五棱柱的 H 投影。

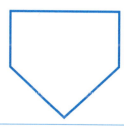

3. 补全下图被截切后的三棱柱的 V 投影和 H 投影。

4. 求作被截切后的四棱柱的 H 投影并补画 W 投影。

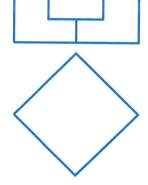

第 5 章 立体的截切与相贯   平面立体的截切

5. 补全有缺口的三棱锥的 H 投影和 W 投影。

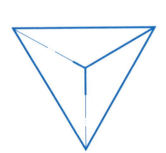

6. 补全被截切后的四棱锥的 H 投影和 W 投影。

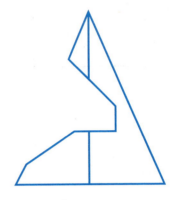

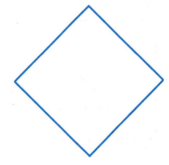

班级　　姓名　　学号

第5章 立体的截切与相贯　　曲面立体的截切

1. 补全带有缺口的圆柱的 H 投影，并作出其 W 投影。

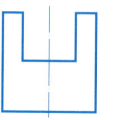

2. 补全带有缺口的圆柱的 H 投影，并作出其 W 投影。

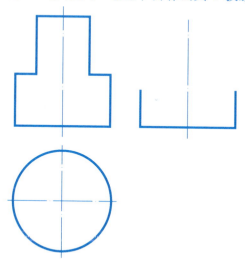

3. 补全被截切挖通后的圆柱的 H 投影和 W 投影。

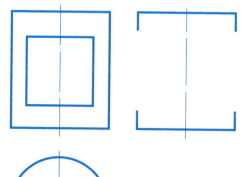

4. 补全被截切挖通后的圆柱的 H 投影和 W 投影。

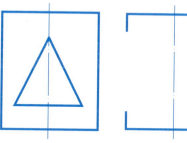

班级　　　　姓名　　　　学号

第 5 章 立体的截切与相贯　　曲面立体的截切

5. 补全被截切后的圆柱的 H 投影和 W 投影。

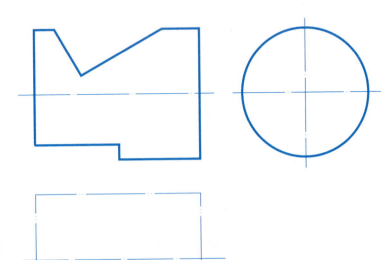

6. 补全被截切后的圆柱的 H 投影和 W 投影。

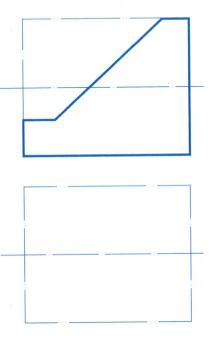

第 5 章 立体的截切与相贯 — 曲面立体的截切

7. 求作被截切后的圆锥的 H 投影和 W 投影。

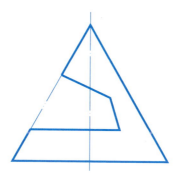

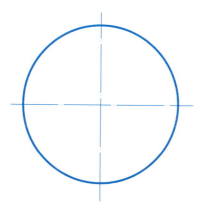

8. 补全带有切口的圆锥的 H 投影,并求作其 W 投影。

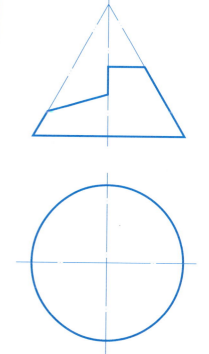

第 5 章 立体的截切与相贯　　　曲面立体的截切

9. 求作被截切后的圆锥的 H 投影和 V 投影。

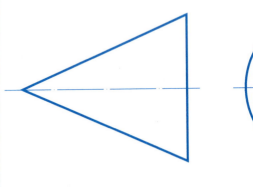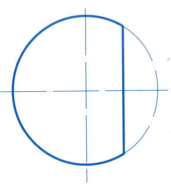

10. 求作被截切后的圆锥的 H 投影和 W 投影。

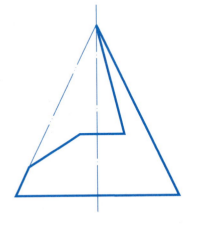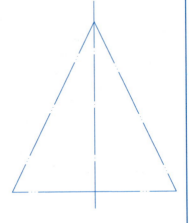

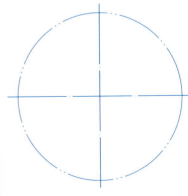

第 5 章 立体的截切与相贯　　曲面立体的截切

11. 求作被截切后的圆球的 H 投影和 W 投影。

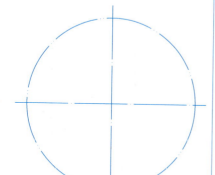

12. 求作被截切后的圆球的 H 投影和 W 投影。

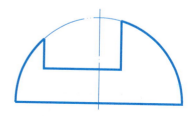

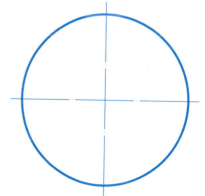

第5章 立体的截切与相贯　　两平面立体相贯

1. 求作两三棱柱的相贯线，并补全形体的投影图。

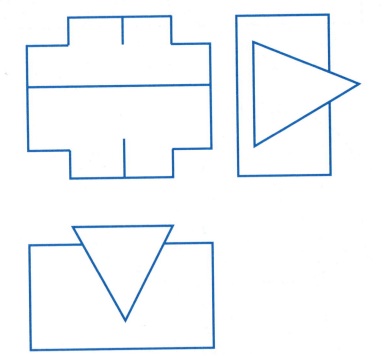

2. 求作两平面体的相贯线。

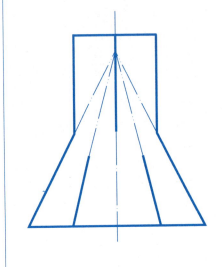
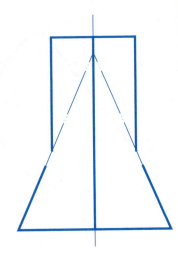
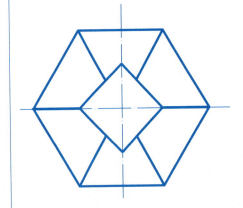

班级　　姓名　　学号

第5章 立体的截切与相贯

两平面立体相贯

3. 求作四棱柱与四棱台的相贯线，并补全形体的投影图。

4. 求作平面体的相贯线。

第5章 立体的截切与相贯

两平面立体相贯

5. 求作三棱锥和四棱柱相贯体的 V 投影。

6. 求作三棱锥和三棱柱相贯体的 H 投影。

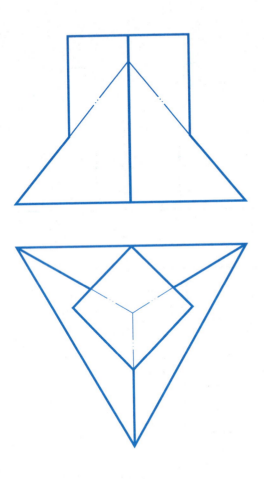

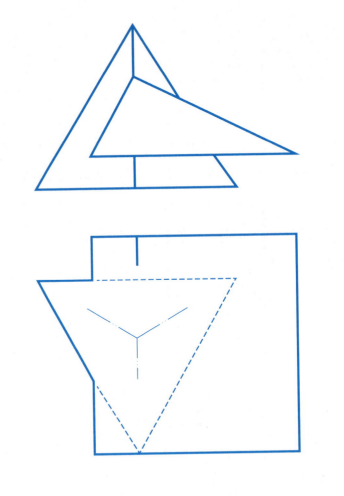

第 5 章 立体的截切与相贯   平面立体和曲面立体相贯

1. 求作圆柱与四棱锥的相贯线，并补全形体的投影图。

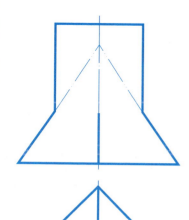
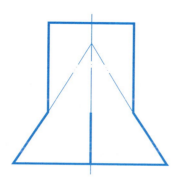

2. 求作四棱柱与圆锥的相贯线，并补全形体的投影图。

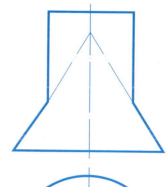
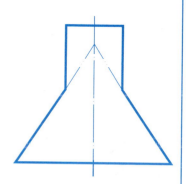
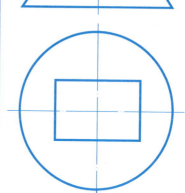

| 班级 | 姓名 | 学号 |

第5章 立体的截切与相贯　　平面立体和曲面立体相贯

3. 求作六棱柱与圆柱的相贯线，并补全形体的 W 投影。

4. 求作半球与三棱柱相贯线的 V 投影，并补全相贯体的 W 投影。

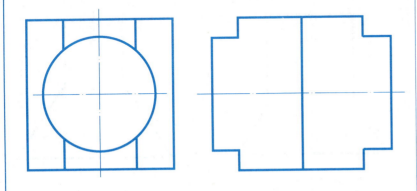
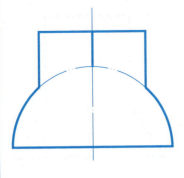
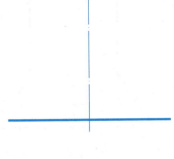
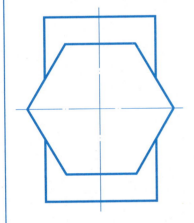
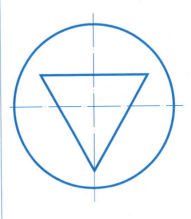

第5章 立体的截切与相贯

平面立体和曲面立体相贯

5. 求作平面立体与曲面立体相贯线，并补全下列两个形体的投影图。

（1）
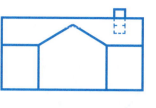

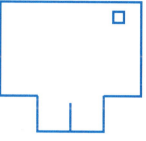

（2）
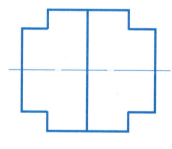
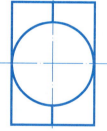
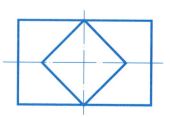

6. 求作三棱柱与圆锥的相贯线。

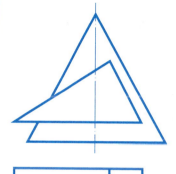
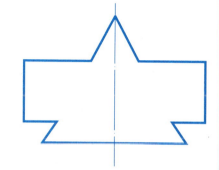
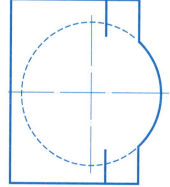

班级　　姓名　　学号

第 5 章 立体的截切与相贯　　两曲面立体相贯

求作下列形体的相贯线并补全投影图。

1.
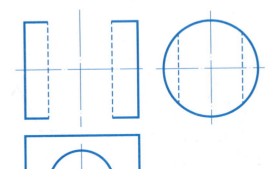

2.
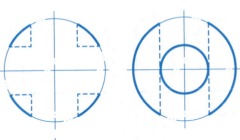

3.
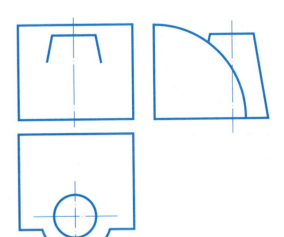

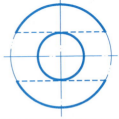

4.
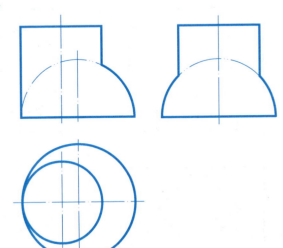

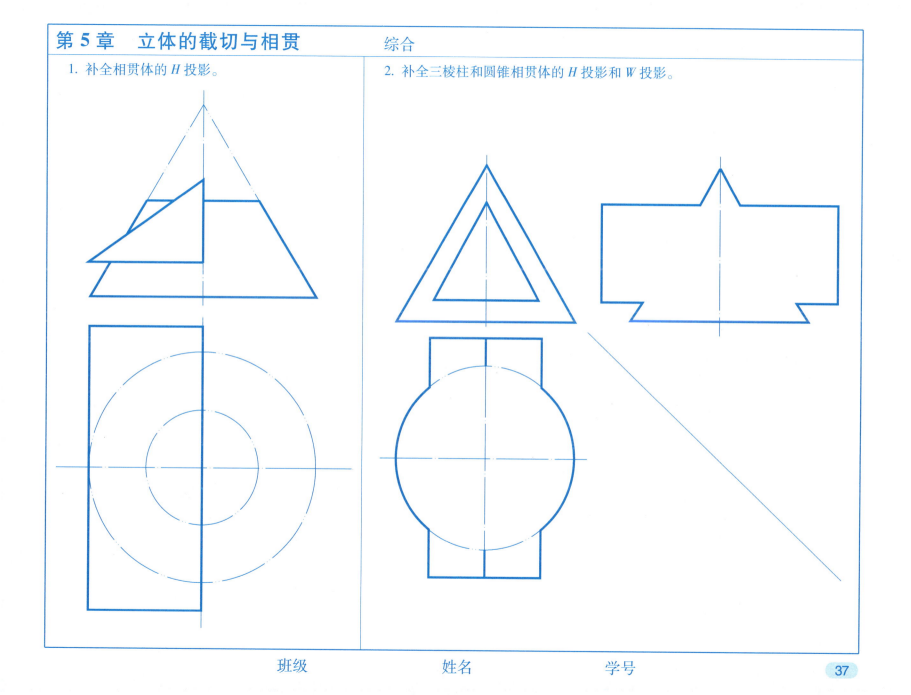

第6章　工程曲面

1. 已知直导线 AB、CD 的投影，V 面为导平面，求作双曲抛物面的投影。

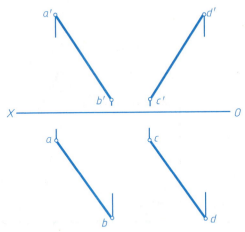

2. 已知导圆柱及螺距 P，求作右向圆柱螺旋线，并判别可见性。

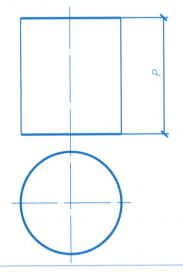

3. 已知曲导线为右向螺旋线，螺距为 P，求作大小圆柱之间的右向平螺旋面的投影，并判别可见性。

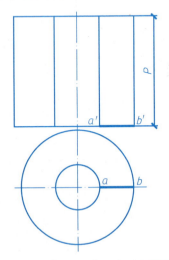

4. 已知楼梯扶手弯头断面的 V 投影和弯头的 H 投影，补画由平螺旋面组成的楼梯扶手弯头的 V 投影。

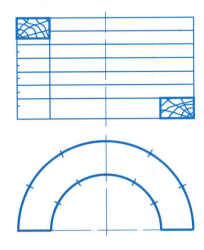

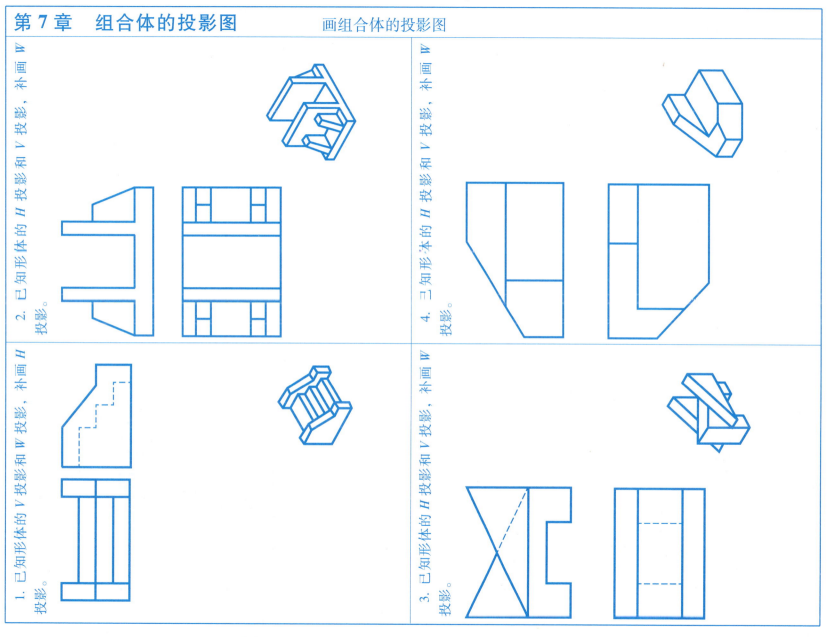

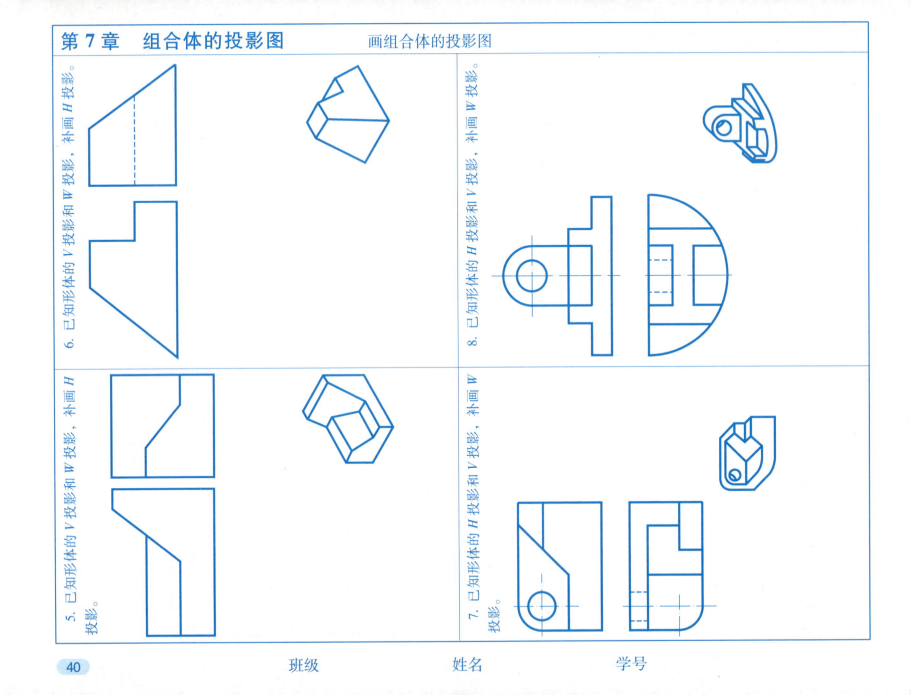

第7章 组合体的投影图   组合体的尺寸标注

1. 对下列组合体进行尺寸标注，尺寸取整。

2. 指出下列视图中哪些尺寸是定形尺寸，哪些是定位尺寸，哪些是总体尺寸。

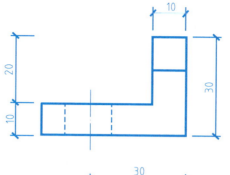

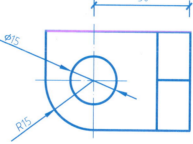

定形尺寸 _____

定位尺寸 _____

总体尺寸 _____

第 7 章 组合体的投影图

选择适当的图幅和比例绘制下列任意一个组合体的三面投影图，并标注尺寸。

1.
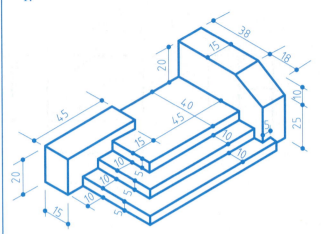

2.
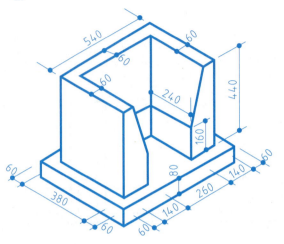

3.
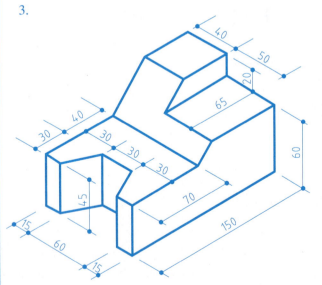

4.
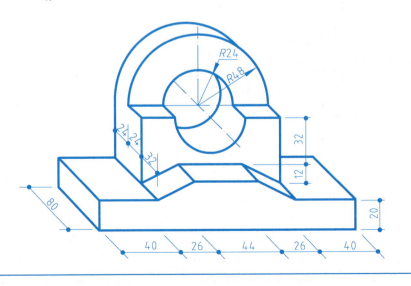

第7章 组合体的投影图

根据组合体的两视图补画第三视图。

1.

2.

3.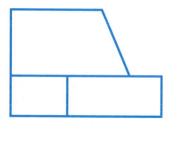

4.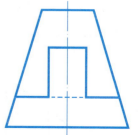

班级　　　　姓名　　　　学号

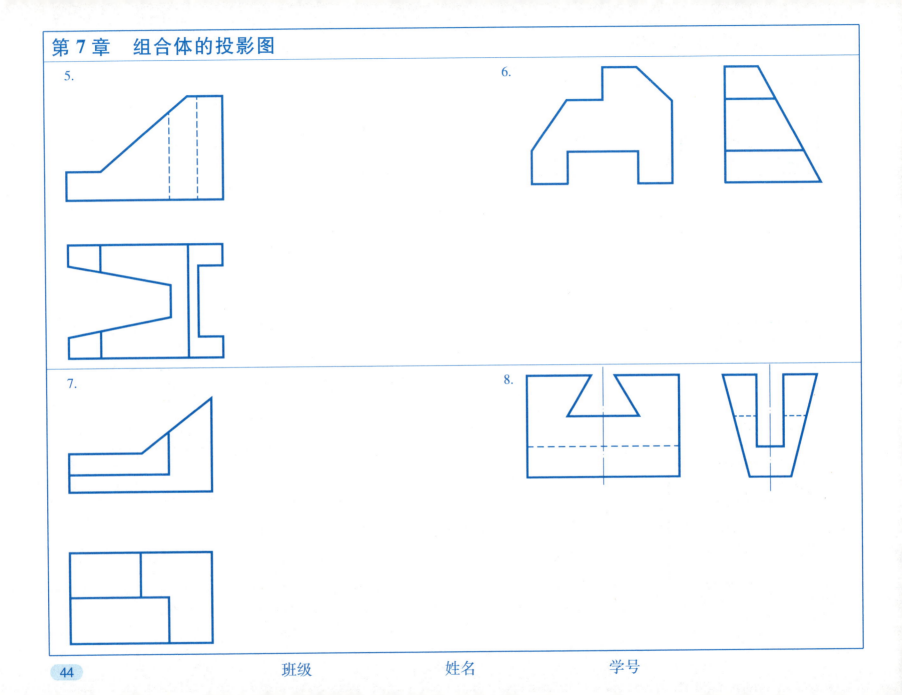

第7章 组合体的投影图

9.

10.

11.

12.

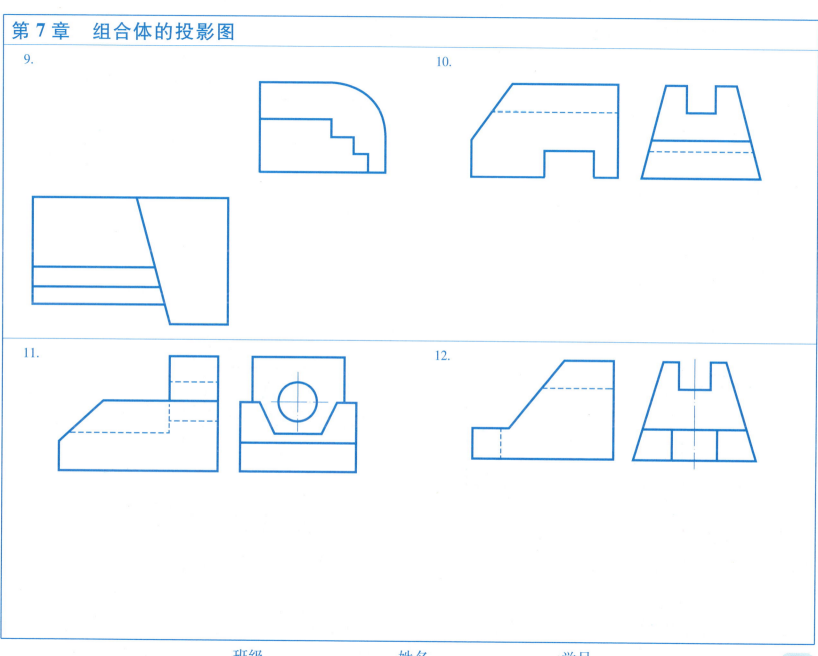

第7章 组合体的投影图

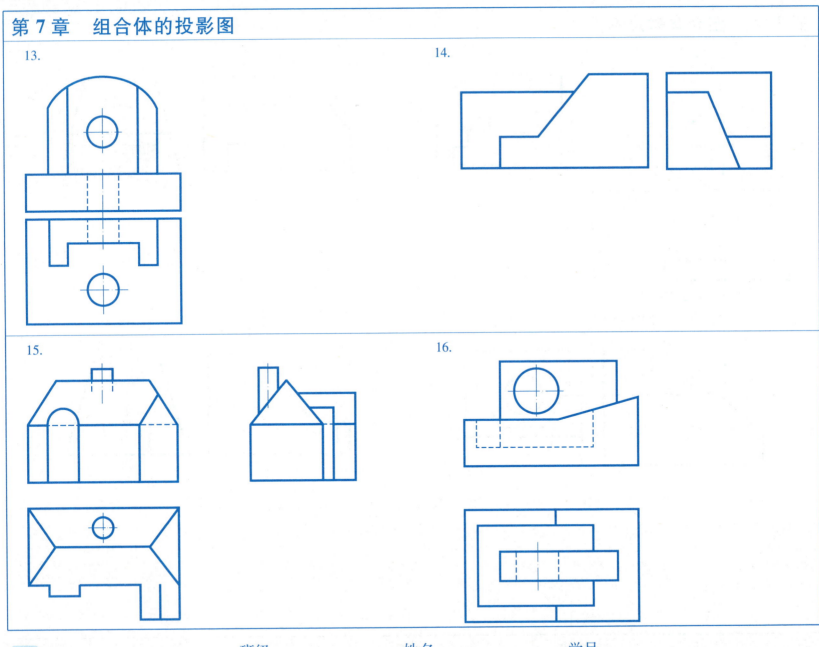

第 7 章 组合体的投影图

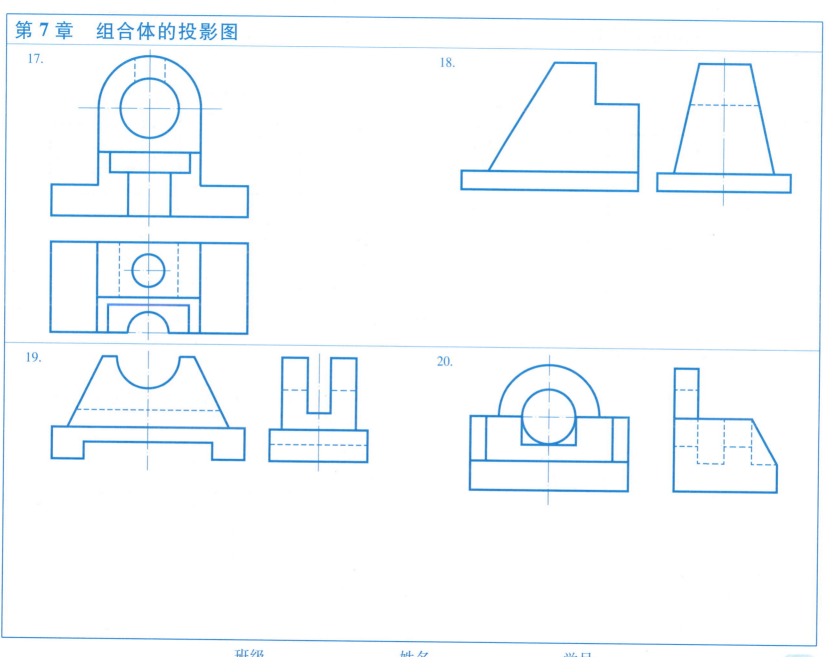

第7章 组合体的投影图

补画下列视图中所缺的图线。

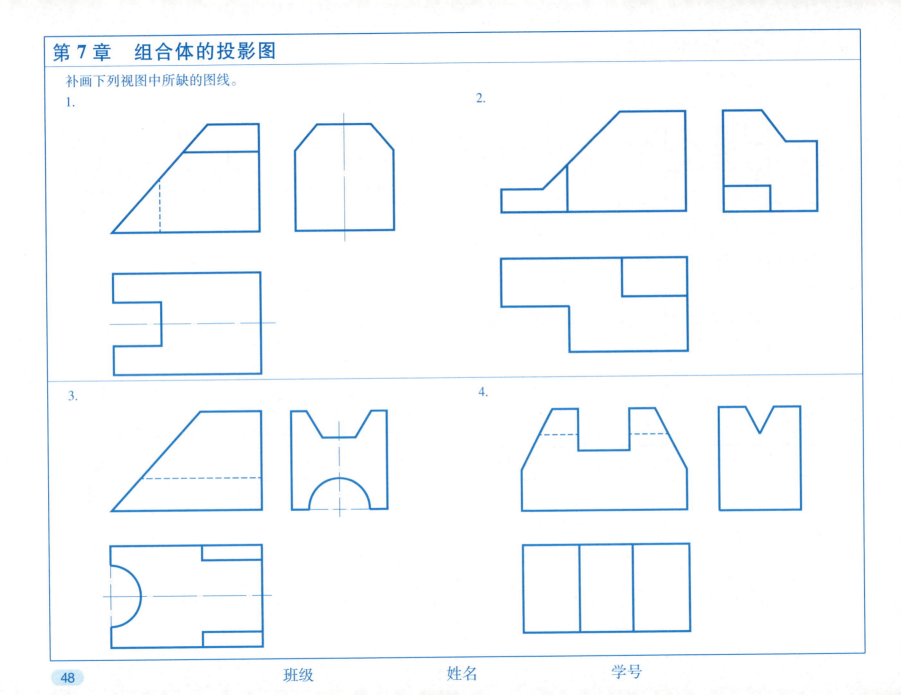

第7章 组合体的投影图

选择正确的第三面投影。

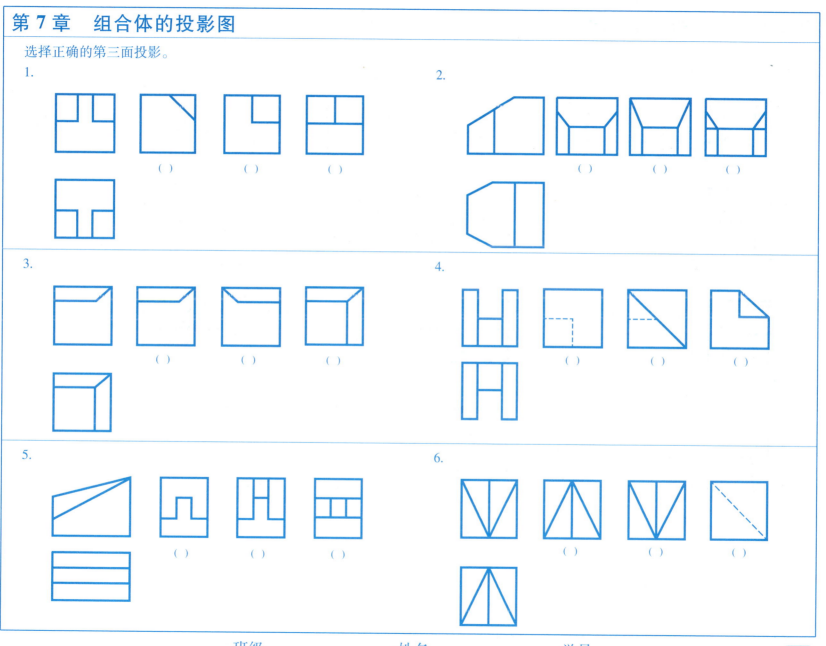

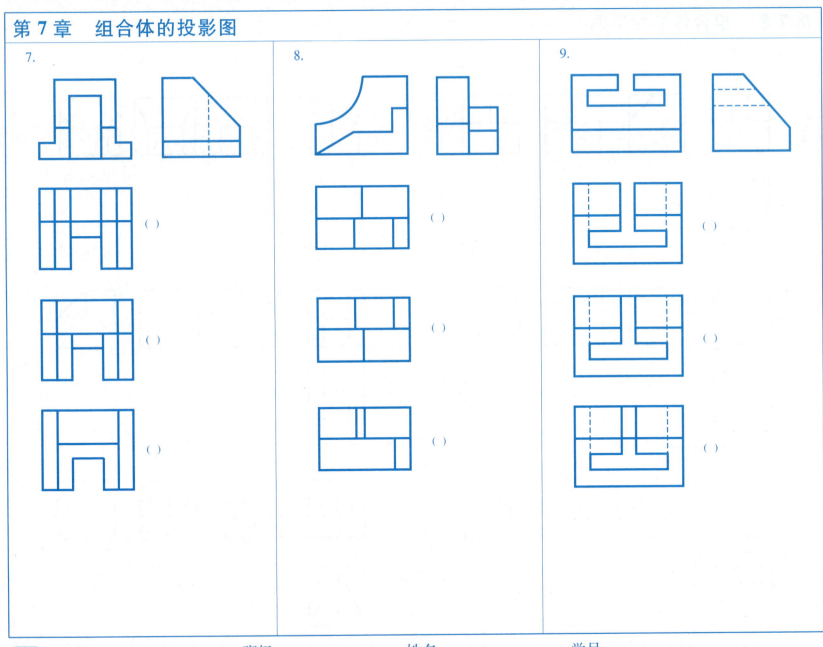

第7章 组合体的投影图　　构思设计

1. 根据形体的 V 投影，构思出两种不同的形体，并补全其余两面投影。

2. 根据形体的 H 投影，构思出两种不同的形体，并补全其余两面投影。

3. 根据形体的 W 投影，构思出两种不同的形体，并补全其余两面投影。

4. 根据形体的 V 投影和 W 投影，构思出两种不同的形体，并补全其 H 投影。

班级　　姓名　　学号

第 7 章　组合体的投影图　　　　构思设计

自主设计练习：

自主设计：业主给予设计师充分的信任与创作自由度，设计师可以在不受业主思想和规定的约束下设计，处在自由、自主的设计状态，称为自主设计。

（1）请自主设计一可追光的窗户，以保证室内的采光。

（2）请自主设计一四版面推拉式黑板，要求四个版面都不会互相遮挡。

（3）请自主设计一学生宿舍床桌，目前主要是固定式上床下桌式，要求设计一可调节式床桌，即休息时变成下床上桌式，且升降过程中桌面和床面保持水平以防物品滑落。

（4）设计一个多功能办公桌。

（5）设计学生用的学习桌。

（6）设计一入户处的鞋柜。

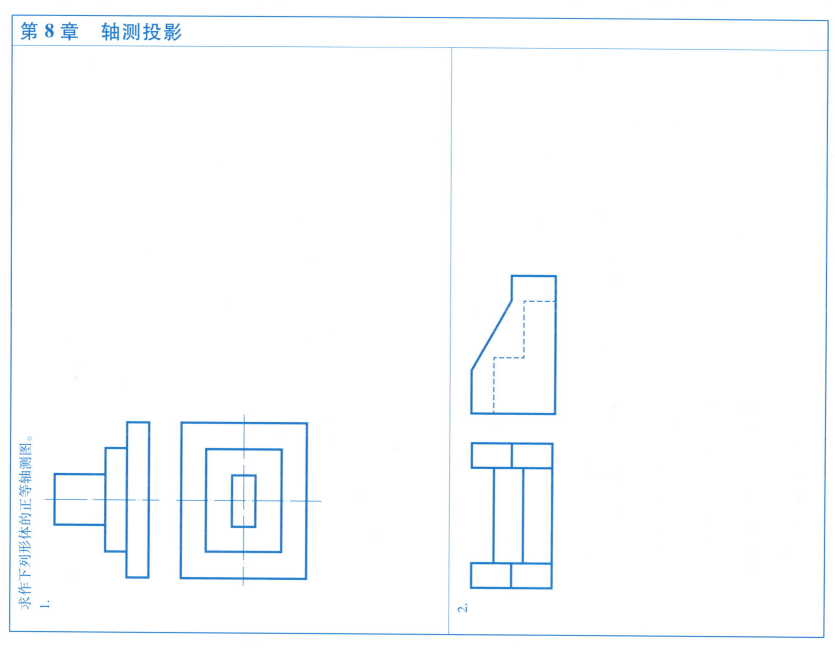

第 8 章 轴测投影

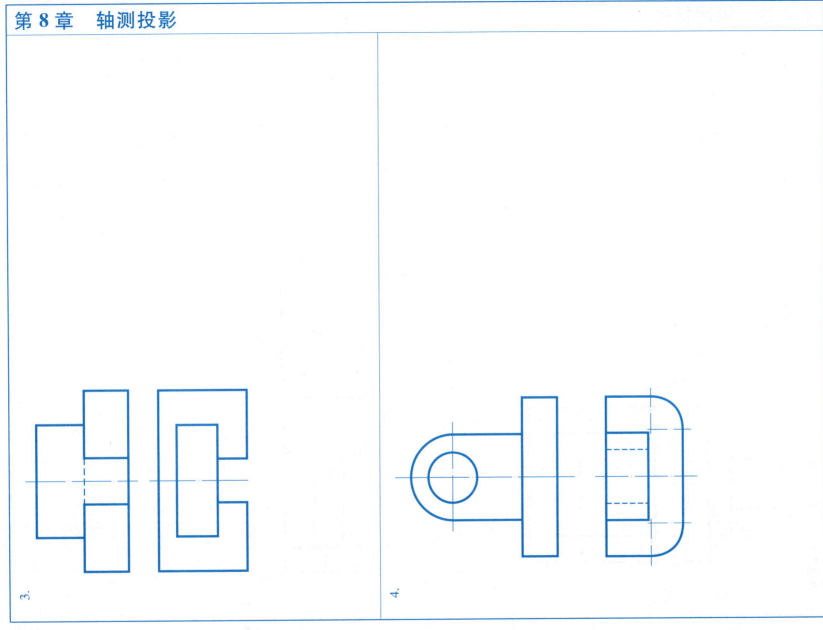

3.

4.

54

第 8 章 轴测投影

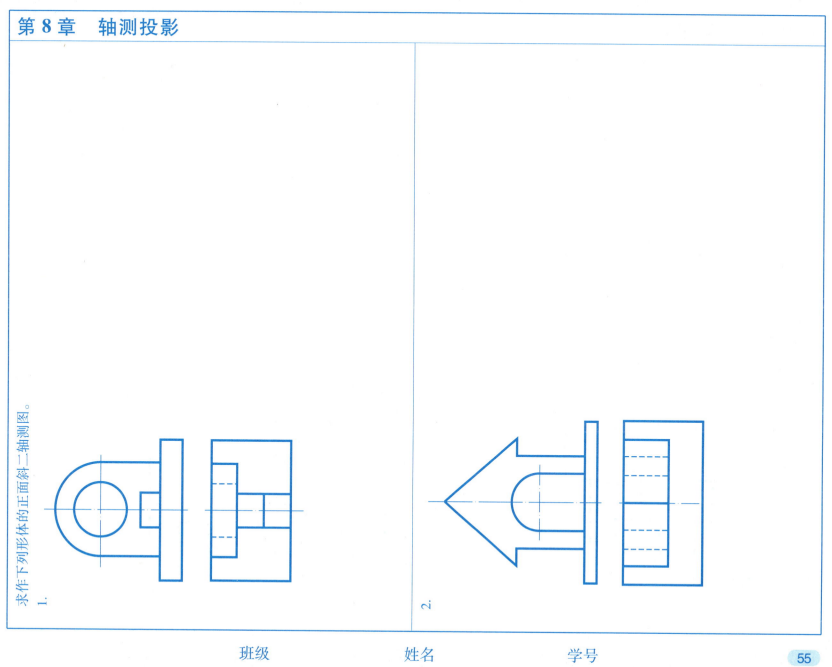

1. 求作下列形体的正面斜二轴测图。

2.

第 8 章　轴测投影

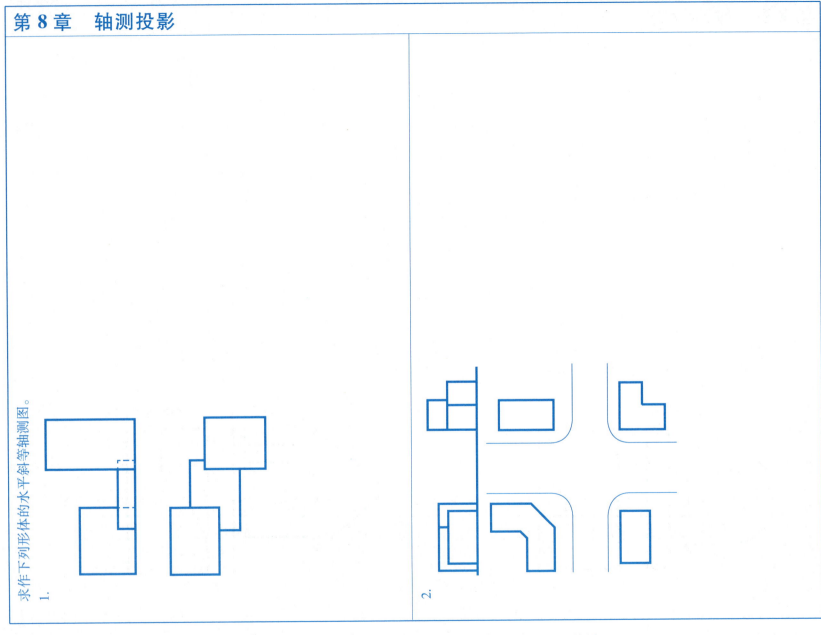

1. 求作下列形体的水平斜等轴测图。

2.

56　　班级　　姓名　　学号

第 8 章 轴测投影

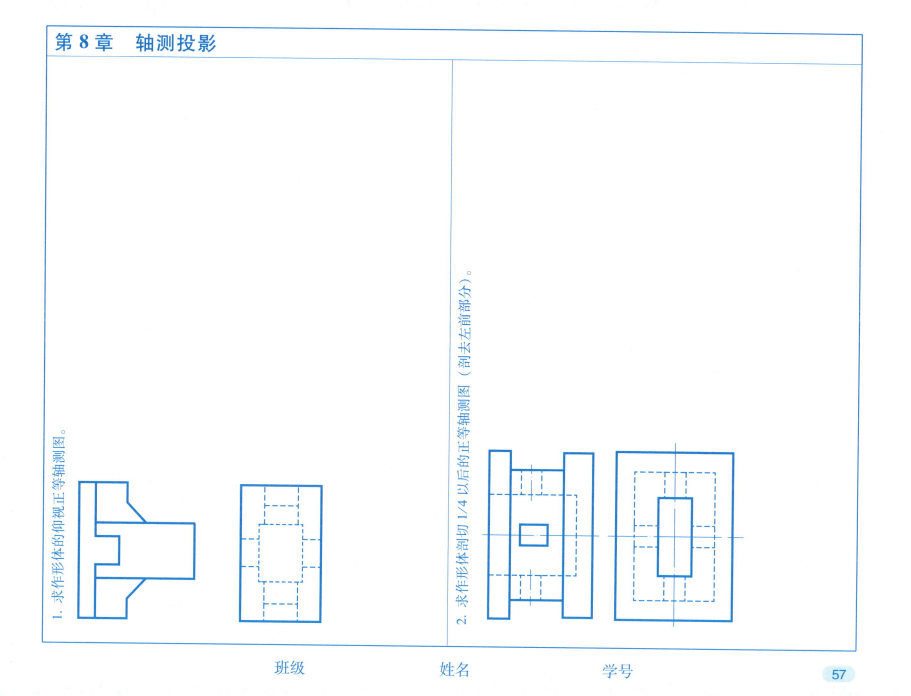

第 9 章 建筑形体的图样画法 视图

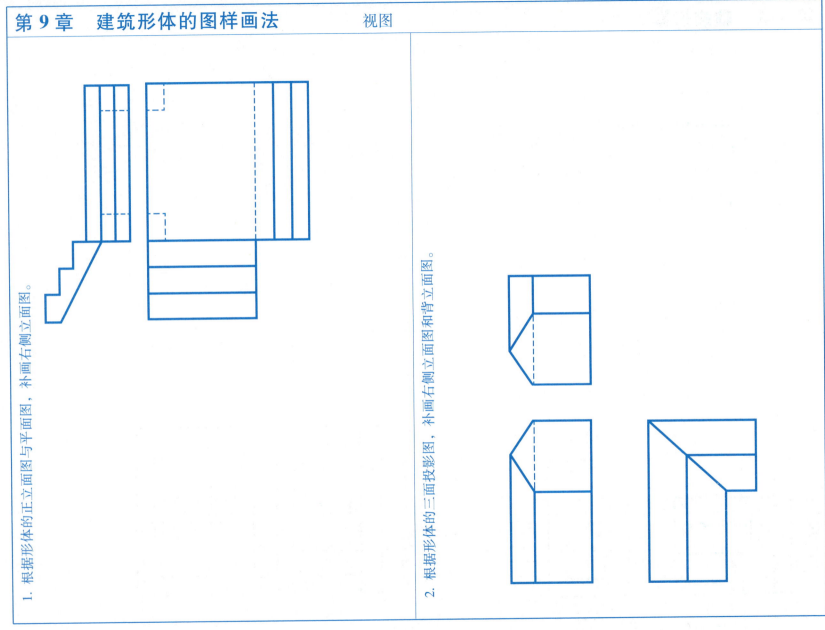

1. 根据形体的正立面图与平面图，补画右侧立面图。

2. 根据形体的三面投影图，补画右侧立面图和背立面图。

58　　班级　　姓名　　学号

第 9 章 建筑形体的图样画法　　剖面图

1. 在指定位置画出 1—1 剖面图。

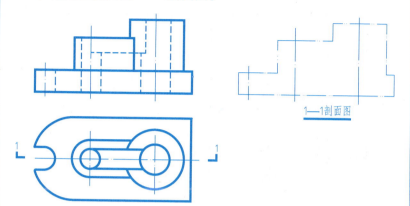

2. 将 V 投影改画为合适的剖面图。

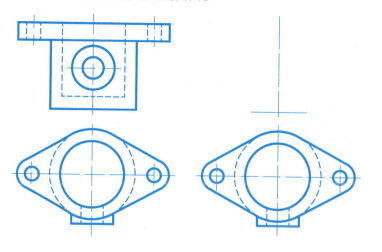

3. 将 V 投影改画为合适的剖面图，并补画出 W 投影为合适的剖面图。

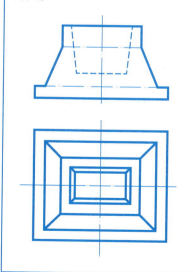

4. 将 V 投影改画为合适的剖面图。

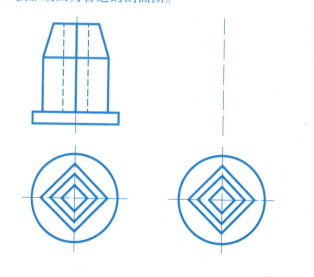

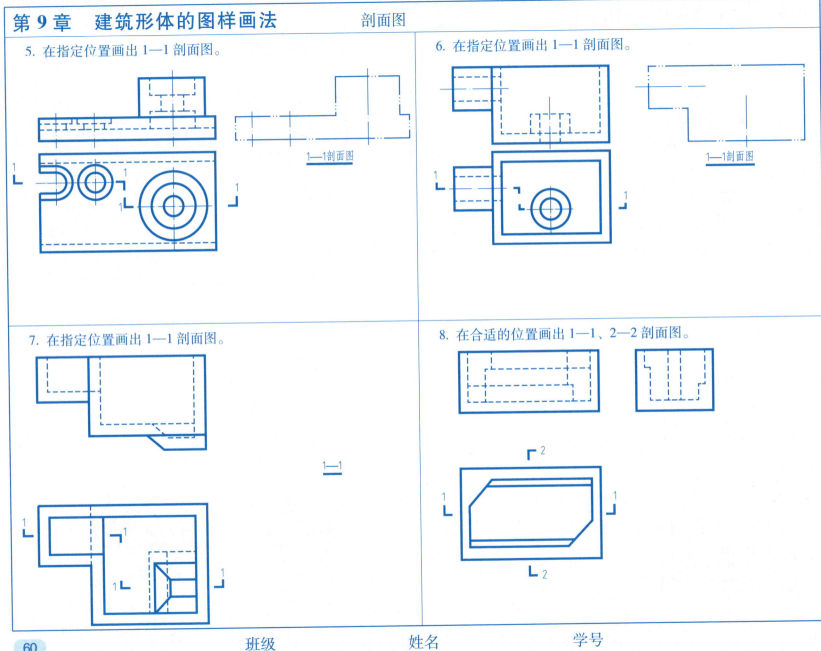

第9章 建筑形体的图样画法 剖面图、断面图

9. 在指定位置画出房屋的 2—2 剖面图。

10. 画出 2—2 剖面图。

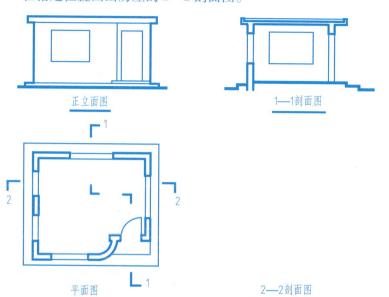

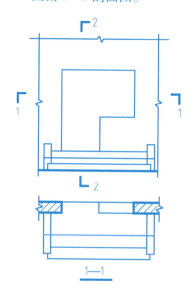

1. 画出 1—1 剖面图和 2—2 断面图。

2. 画出 1—1 和 2—2 断面图。

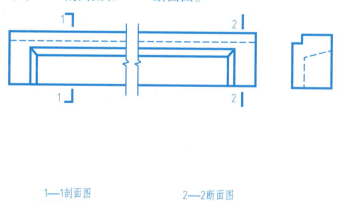

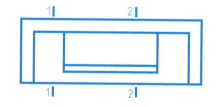

第 9 章 建筑形体的图样画法　　断面图

3. 画出构件的 1—1、2—2 断面图。

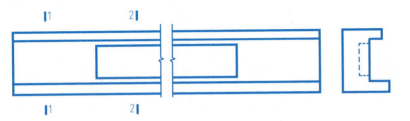

4. 画出构件的 1—1、2—2 断面图。

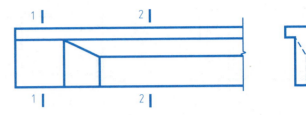

5. 画出柱子的各断面图，构件材料为钢筋混凝土。

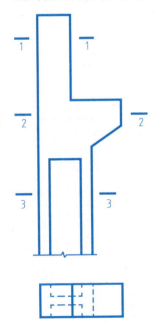

6. 画出梁板结构的重合断面，构件材料为钢筋混凝土。

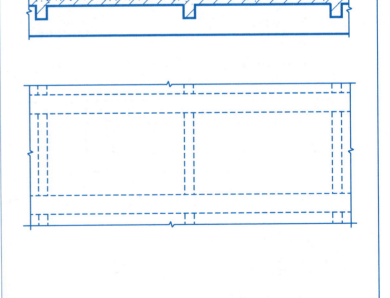

第10章 建筑施工图

建筑施工图练习题

1. 填空题

（1）各种不同功能的房屋建筑，一般都是由_____、_____、_____、_____、_____、_____等基本构件所组成。

（2）房屋建筑施工图由于专业分工的不同，可分为_____施工图、_____施工图、_____施工图。

（3）定位轴线端部圆的直径应为_____mm，用_____线绘制。横向定位轴线编号应用_____从_____至_____顺序编写，竖向编号应用_____从_____至_____顺序编写。

（4）建筑总平面图是反映一定范围内_____、_____、_____的建筑物及其所处周围环境、地形地貌、道路绿化等情况的水平投影图。

（5）标高数字应以_____为单位。标高分为_____标高和_____标高。其中_____标高是以青岛附近的黄海平均海平面为零点，以此为基准的标高；_____标高是以建筑物室内底层主要地坪为零点，以此为基准点的标高。

（6）索引符号圆的直径为_____mm，用_____线绘制。详图符号圆的直径为_____mm，用_____线绘制。

（7）指北针圆的直径宜为_____mm，用_____线绘制；指针尾部的宽度宜为_____mm。

（8）风向频率玫瑰图用来表示该地区常年的风向频率和房屋的朝向。风的吹向是指从_____吹向_____，有箭头的方向为北向。_____线表示全年风向频率，_____线表示按6、7、8三个月统计的夏季风向频率。

（9）在建筑平面图中的外部尺寸共有三道，由外至内，第一道表示建筑总长、总宽的外形尺寸，称为_____尺寸；第二道为墙柱中心轴线间的尺寸，称为_____尺寸；第三道主要用来表示门、窗洞口的宽度和定位尺寸，称为_____尺寸。

（10）楼梯通常由_____、_____、_____三部分组成。楼梯详图一般包括_____图、_____图和_____图。

（11）在建筑施工图中，代号M表示_____、C表示_____。

2. 选择题

（1）绘制建筑平面图、立面图、剖面图通常采用的比例是（   ）。
A. 1:200、1:100   B. 1:20、1:50   C. 1:200、1:500

（2）轴线编号㉜表示（   ）。
A. 3号轴线后附加的第2根轴线
B. 2号轴线后附加的第3根轴线
C. 2号轴线前附加的第3根轴线

（3）索引符号④表示（   ）。
A. 详图画在第4张图纸上，编号为5
B. 详图画在本张图纸上，编号为4
C. 详图画在第5张图纸上，编号为4

（4）二层建筑平面图的水平剖切平面位置在（   ）。
A. 二层窗台的上方、经过门窗洞口
B. 二层楼面上、窗台下
C. 二层楼面处

（5）在绘制建筑立面图时，为了加强图面效果，使外形清晰、重点突出和层次分明，按要求室外地坪线应用（   ）绘制；房屋立面的外包轮廓线用（   ）绘制；在外包轮廓线之内的凹进或凸出墙面的轮廓线用（   ）绘制；门窗扇、栏杆、雨水管和墙面分格线等用（   ）绘制。
A. 粗实线、粗实线、中实线、细实线
B. 特粗实线、粗实线、中实线、细实线
C. 特粗实线、粗实线、细实线、细实线

3. 简答题

（1）简述建筑平面图的形成和作用。建筑平面图的图示内容有哪些？
（2）简述建筑立面图的形成和作用。
（3）简述建筑立面图中的主要标高标注位置。
（4）简述建筑剖面图的形成和作用。
（5）如何选择剖面图的剖切位置？剖切符号由哪几部分组成？

班级　　　　　姓名　　　　　学号

第10章 建筑施工图　建筑平面图

作业要求：
1. 阅读第64~72页的整套住宅建筑施工图。了解房屋的平面布局、立面造型及内部构造。
2. 用1：100的比例在A3图纸上铅笔抄绘一层平面图，或由教师指定抄绘任一层平面图。

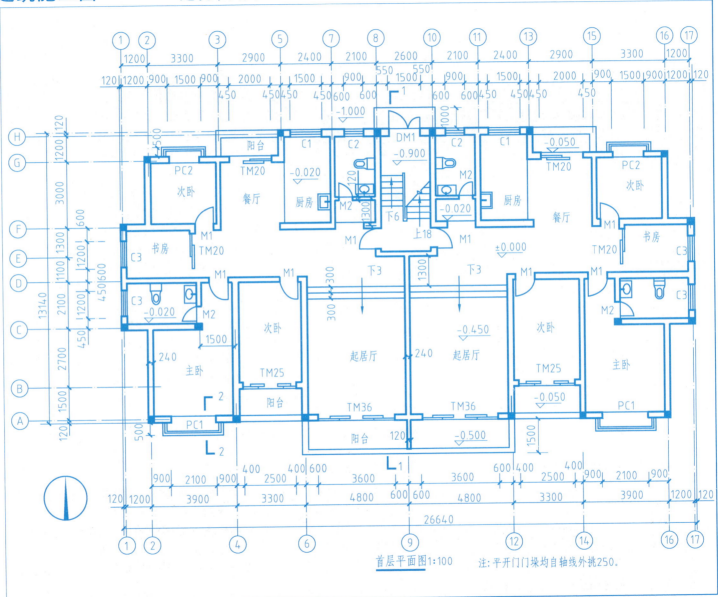

首层平面图 1:100　　注：平开门门垛均自轴线外挑250。

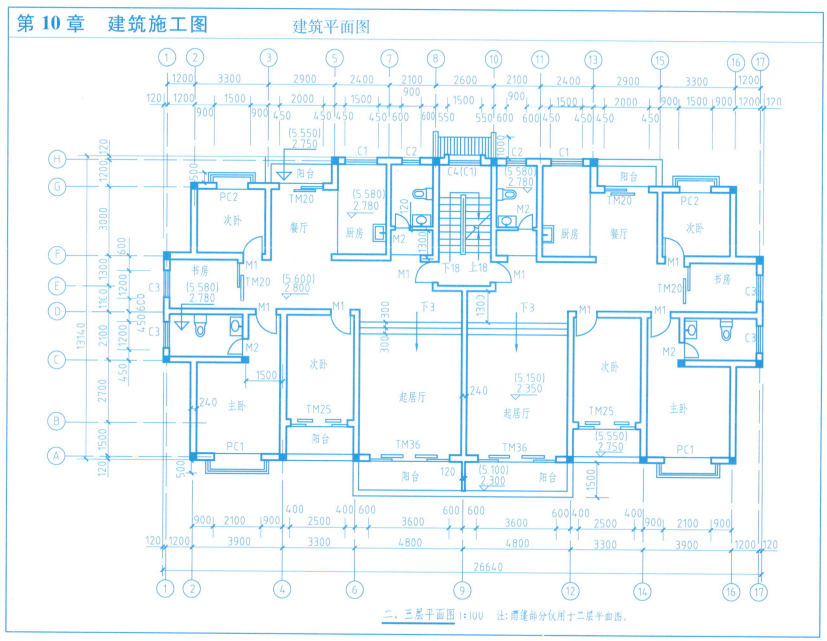

第10章 建筑施工图　建筑平面图

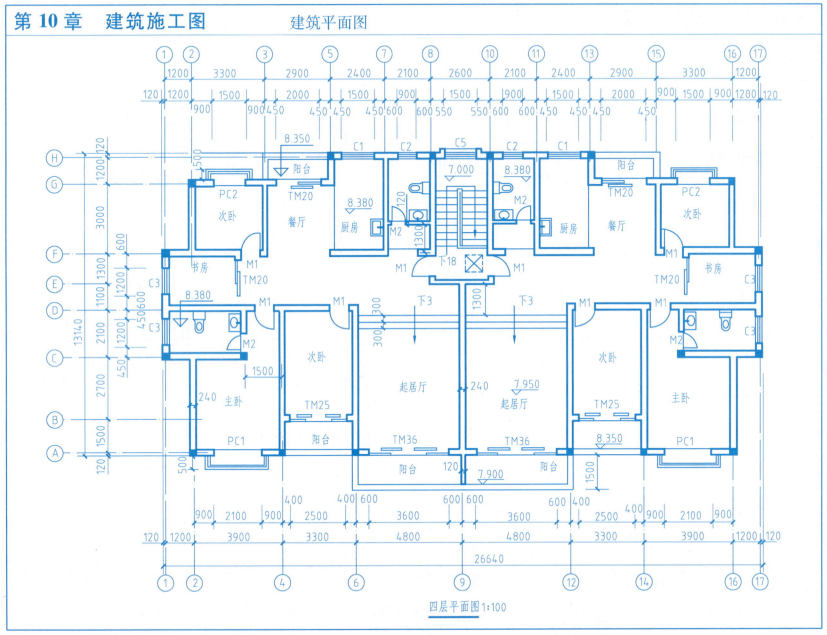

四层平面图 1:100

第10章 建筑施工图

屋顶平面图及门窗表

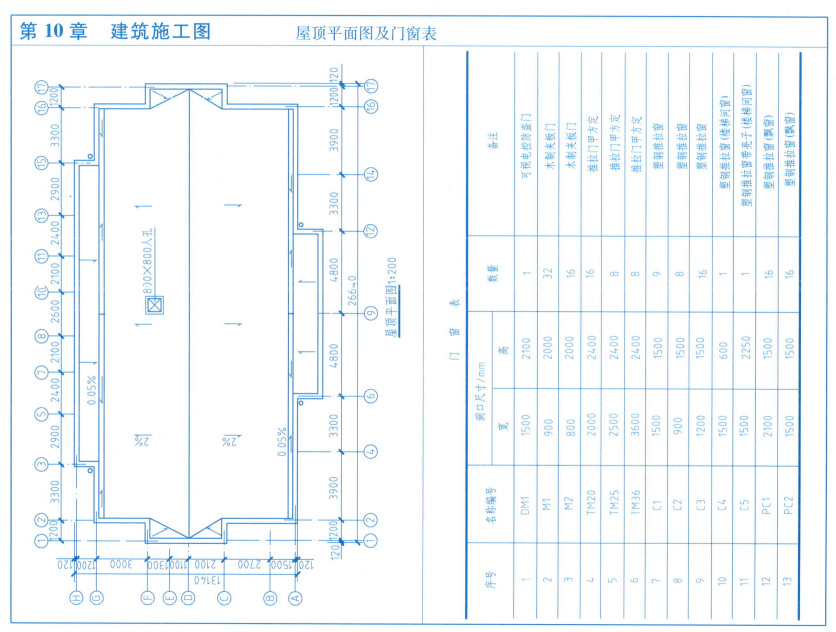

第 10 章 建筑施工图 建筑立面图

作业要求：在 A3 的图纸上抄绘住宅楼南立面图或者北立面图，比例 1：100。

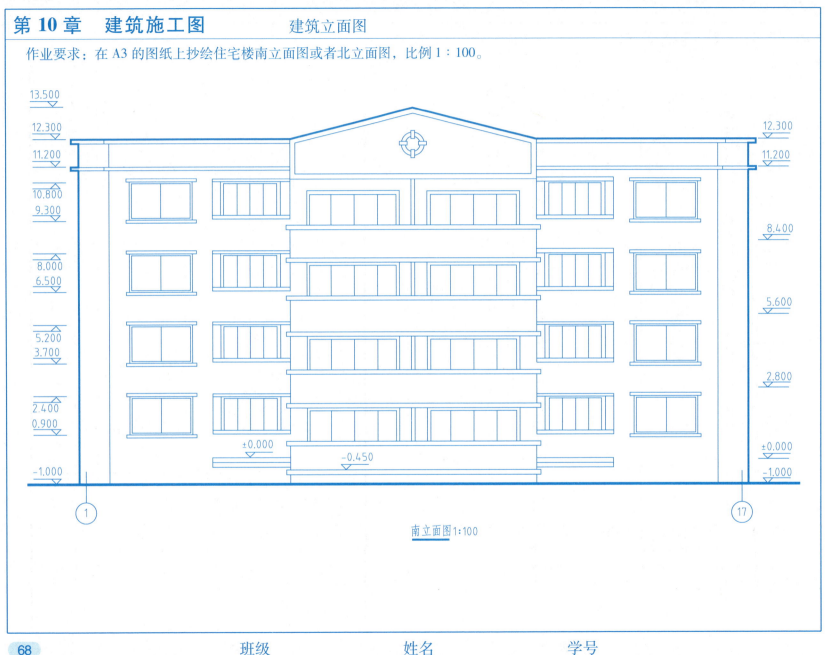

南立面图 1:100

第 10 章 建筑施工图
建筑立面图

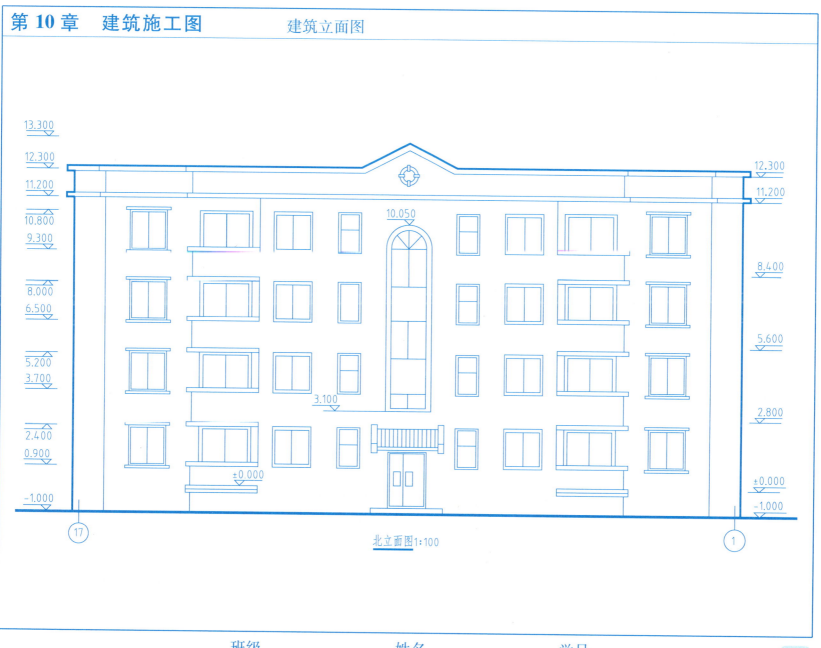

北立面图 1:100

第 10 章 建筑施工图 建筑立面图

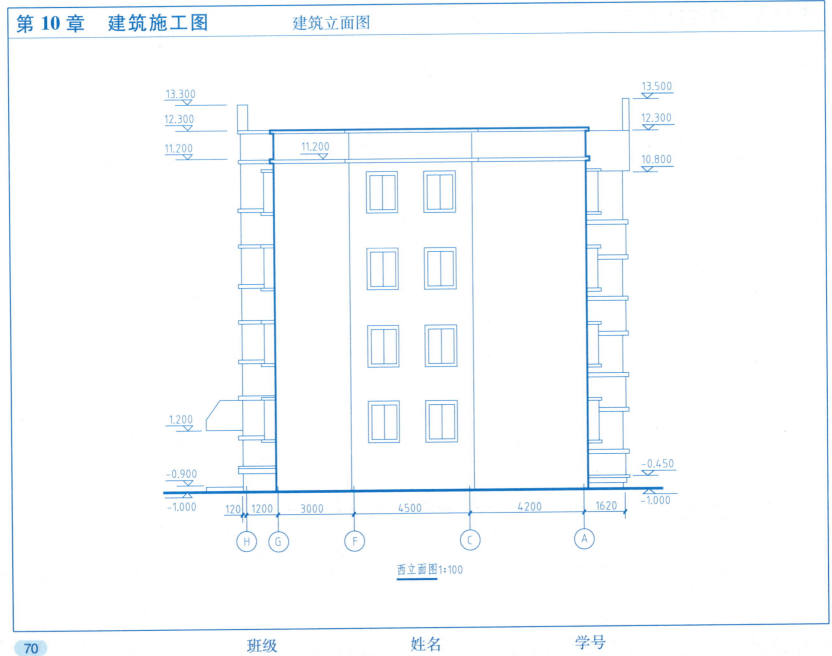

第10章 建筑施工图　　建筑剖面图

作业要求：阅读住宅楼的西立面图和剖面图，铅笔抄绘1—1剖面图，比例1：100（或1：50）。

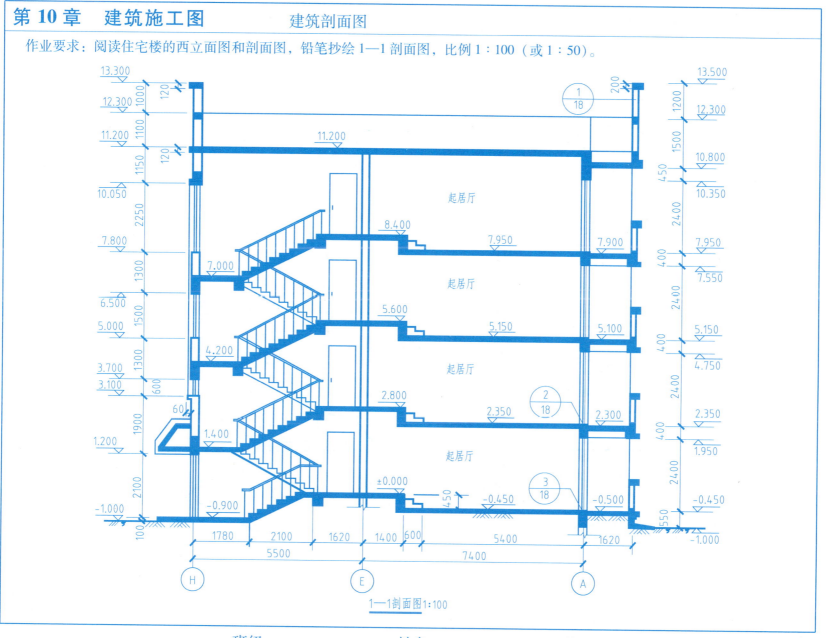

1—1剖面图 1：100

班级　　　　姓名　　　　学号

第10章 建筑施工图　建筑详图

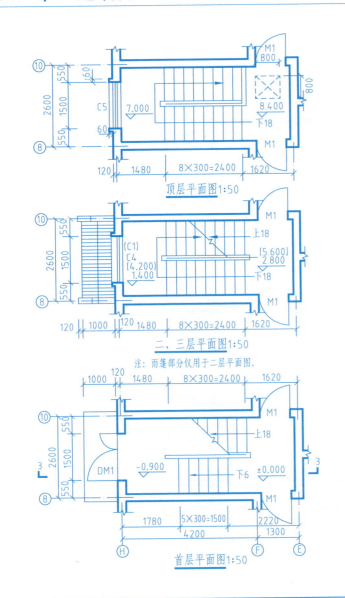

顶层平面图 1:50

二、三层平面图 1:50
注：雨篷部分仅用于二层平面图。

首层平面图 1:50

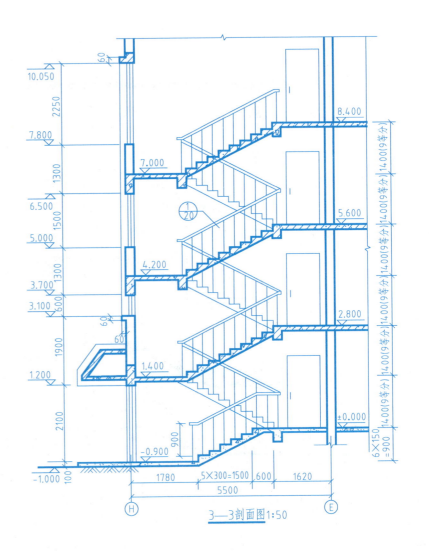

3—3 剖面图 1:50

第10章 建筑施工图

《建筑工程制图》大作业指导书——由设计方案图改绘建筑施工图

(一) 大作业的目的

在前面已经学习和抄绘了房屋建筑施工图的基础上,根据建筑施工图的要求,进一步练习绘制建筑平、立、剖面图的方法与技能,培养学生独立思考和查阅参考资料的能力,熟悉建筑制图标准,了解房屋建筑构造的要求。

(二) 设计方案图的选用

1. 可从本习题集第74页给定的建筑方案图中选定一个。
2. 通过调查研究、搜集资料,进行构思,可自行设计建筑方案图。

(三) 绘图方式

根据教师要求,可以手工仪器绘图,也可以计算机绘图。

(四) 作业要求

1. 投影关系正确,构造基本合理。
2. 线条清晰光滑,线宽分明,用法准确,字体书写工整,符合建筑制图国家标准要求。
3. 尺寸标注满足建筑施工图的要求:平面图中除标注外部三道尺寸外,还要标注各楼地面标高,并注明各房间名称(内部尺寸可暂不标注或部分标注);立面图应标注外部标高;剖面图除要标注外部尺寸和标高外,还要标注内部标高和高尺寸。
4. 合理布局图面,并保持图面整洁。

(五) 作业内容

1. 将方案图中的标准层平面图改绘成底层平面图,并加画正立面图、1—1剖面图。
2. 根据建筑施工图的要求剖切平面图充实图样,自行选择剖切位置,编注定位轴线,标注门窗代号,进行详细的尺寸标注。
3. 图面布置参考如下图所示:

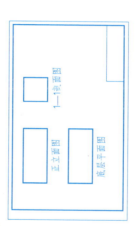

(六) 几点构造说明

1. 层高尺寸:

门窗	进户门	卧室门	厨房门	厕所门	南外窗	北外窗	厨房窗
宽度/mm	900	900	800	800	1500(1800)	1200(1500)	1200(1500)
高度/mm	2000	2000	2000	2000	1500(1800)	1500(1800)	1500
窗台高度/mm	—	—	—	—	900	900	1500

2. 阳台外挑:1100~1500mm。
3. 女儿墙、天沟、阳台、屋面、雨篷等处的构造,请参阅下列相关资料。
    1) 本地区有关市建筑配件通用图集及住宅建筑配件图集;
    2) 房屋建筑学和房屋构造(教材);
    3) 住宅建筑设计原理(教材)。
4) 建筑设计资料集。
5. 正立面要求:优美、简洁、大方(层数为三至五层)。
5. 剖面图要求剖切平面必须通过门、窗洞等典型的部位。

(七) 作业时间

1. 课外观察了解、搜集资料、设计思考、绘制草图、充分做好准备工作。
2. 大作业完成时间1~3周。

第 10 章 建筑施工图

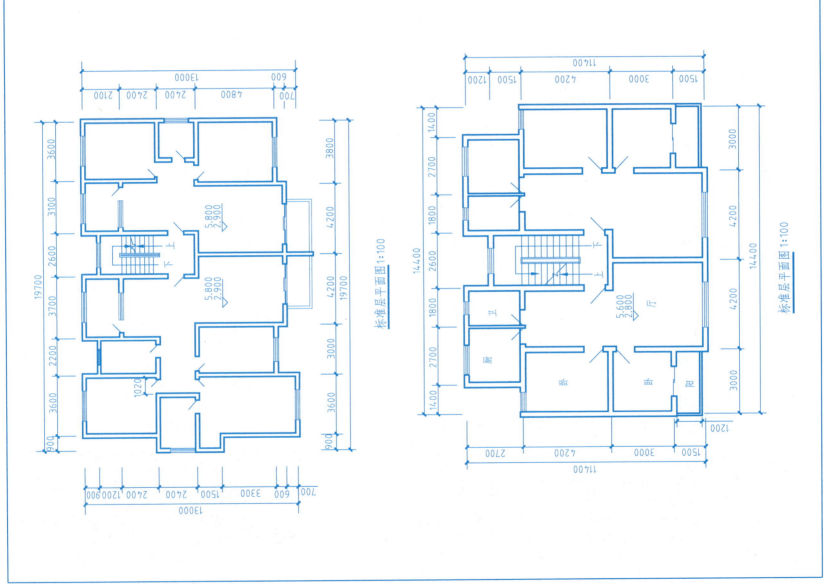

第 11 章　结构施工图

结构施工图练习题

1. 填空题

（1）钢筋混凝土构件由_____和_____两种材料组成。混凝土是由_____、_____、_____和_____按一定的比例拌和硬化而成。

（2）配置在钢筋混凝土构件中的钢筋，按其作用可分为_____、_____、_____、_____、_____。

（3）为了保护钢筋、防腐蚀、防火以及加强钢筋与混凝土的黏结力，在构件中钢筋外边缘至构件表面之间应留有一定厚度的_____。

（4）为了使钢筋和混凝土具有良好的黏结力，避免钢筋在受拉时滑动，应在光圆钢筋的两端设置_____。

（5）为了突出表示钢筋的配置情况，在构件结构图中，把钢筋画成_____实线，构件的外形轮廓线画成_____实线；在构件断面图中，不画材料图例，钢筋用_____表示。

（6）在楼层结构平面图中，定位轴线应与_____图保持一致。

（7）在结构平面图中配置双层钢筋时，底层钢筋的弯钩应向_____或向_____画出，顶层钢筋的弯钩则向_____或向_____画出。

（8）钢筋混凝土构件详图，一般包括_____、_____、和_____。

（9）基础下部的土壤称为_____；为基础施工而开挖的土坑称为_____；基坑边线就是放线的_____；从室内地面到基础顶面的墙称为_____；从室外设计地面到基础底面的垂直距离称为_____；基础墙下部做成阶梯形的砌体称为_____。

（10）基础平面图的图线要求：剖切到的基础墙轮廓线画成_____线，基础底面的轮廓线画成_____线，可见的梁画成_____线，不可见的梁画成_____线；剖切到的钢筋混凝土柱断面，要_____表示。在基础平面图中，应注明基础的_____和_____尺寸。

（11）楼梯结构详图包括_____、_____和_____。

（12）写出下列常用结构构件的代号名称：Z_____、GL_____、YP_____、QL_____、YT_____。

2. 选择题

（1）绘制结构平面图通常采用的比例是（　　）。

A. 1∶50、1∶100

B. 1∶20、1∶50

C. 1∶200、1∶500

（2）楼层结构平面图的水平剖切位置在该层的（　　）。

A. 楼面处　　B. 窗台上　　C. 楼板下

（3）在钢筋混凝土结构图中，符号为φ的钢筋为（　　）钢筋。

A. HPB300　　B. HRB500　　C. RRB400

（4）φ10@250 表示钢筋是（　　）钢筋，（　　）是 10mm，（　　）是 250mm。

A. HPB300、半径、中心距

B. HRB400、直径、净距

C. HPB300、直径、中心距

（5）房屋结构施工图应包括（　　）等。

A. 结构设计说明

B. 基础图

C. 装修图

D. 构件详图

E. 楼层结构平面图

3. 简答题

（1）简述楼层结构平面图的形成、作用和图示内容。

（2）简述钢筋混凝土结构图的图示特点。

（3）简述基础平面图的形成及作用。

第 11 章 结构施工图

作业要求：

习题集第 76~79 页给出了某住宅的结构施工图（与第 64~72 页某住宅建筑施工图配套）。

1. 阅读本页的标准层结构平面布置图（注意此图中的梁用粗单点长画线表示）。

2. 用 1：100 的比例在 A3 图纸上铅笔抄绘标准层结构平面布置图及 1—1 配筋详图。

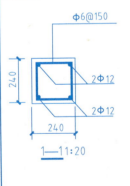

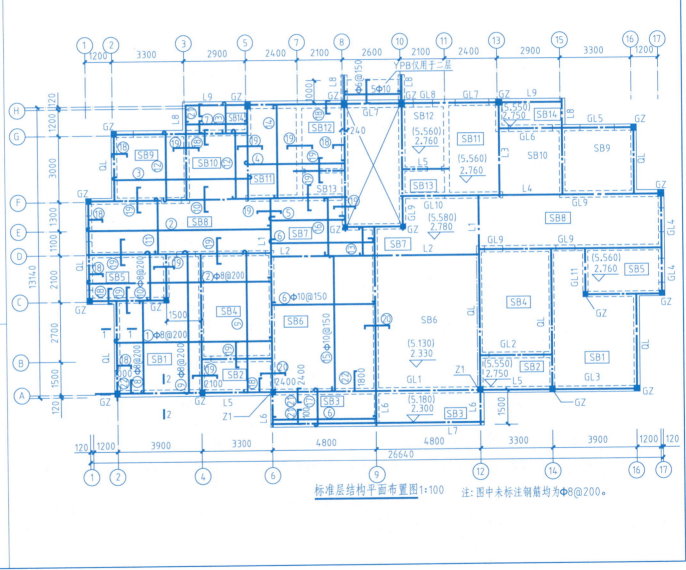

标准层结构平面布置图 1：100　　注：图中未标注钢筋均为 $\phi 8@200$。

第 11 章 结构施工图

作业要求：阅读第 77~79 页的某住宅楼基础结构图，用 1：100 的比例在 A3 图纸上抄绘该基础平面布置图和基础详图。

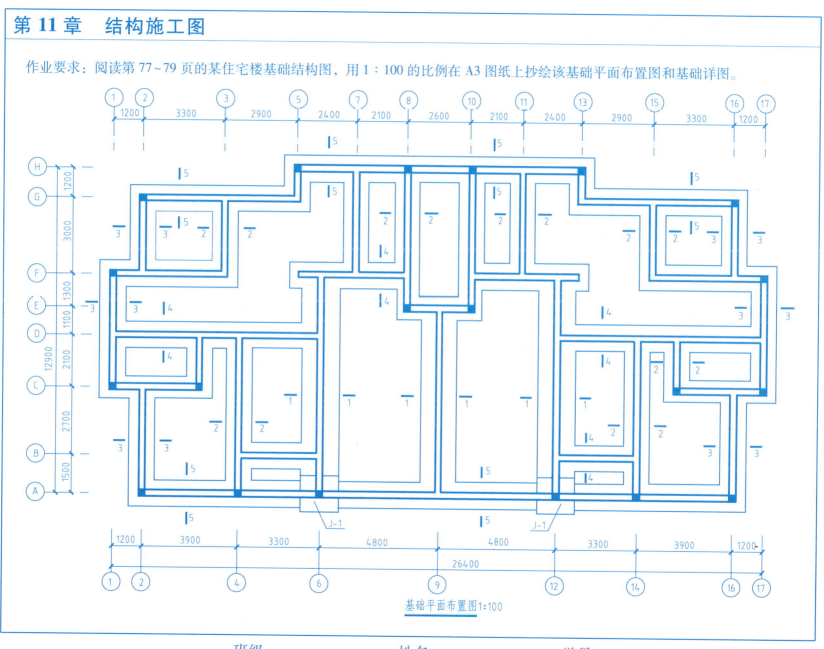

基础平面布置图 1:100

第 11 章 结构施工图

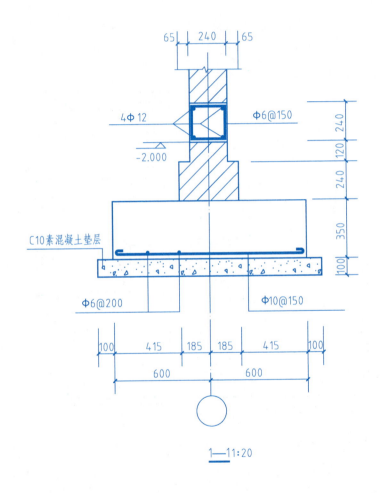

1—1 1:20

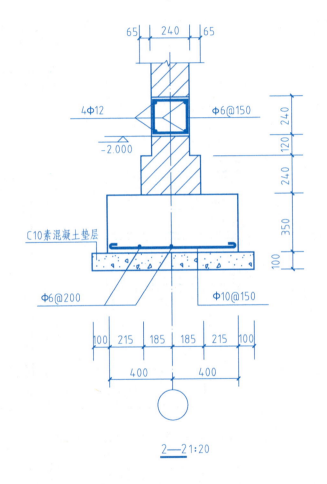

2—2 1:20

第 11 章　结构施工图

第 12 章 设备施工图

作业要求：

1. 阅读第 80～85 页所示的某住宅楼的给水排水平面图和系统图。
2. 用 1∶100 的比例铅笔抄绘给水平面图和系统图、排水平面图和系统图。

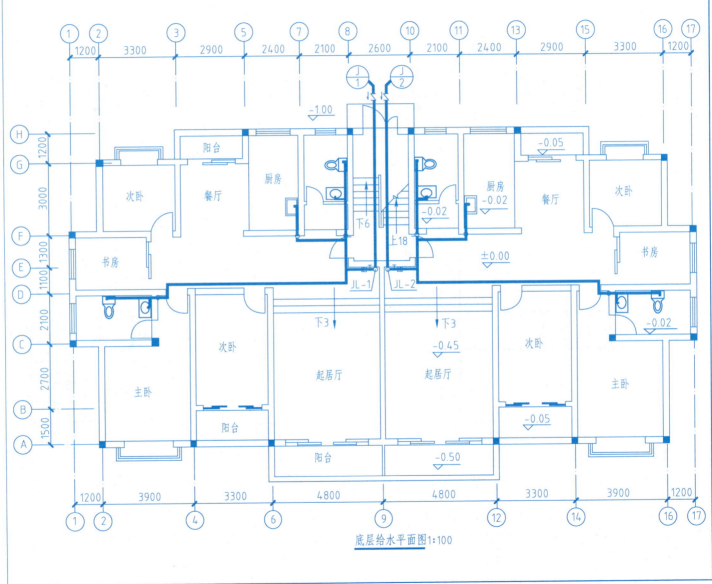

底层给水平面图 1:100

班级　　姓名　　学号

第 12 章 设备施工图

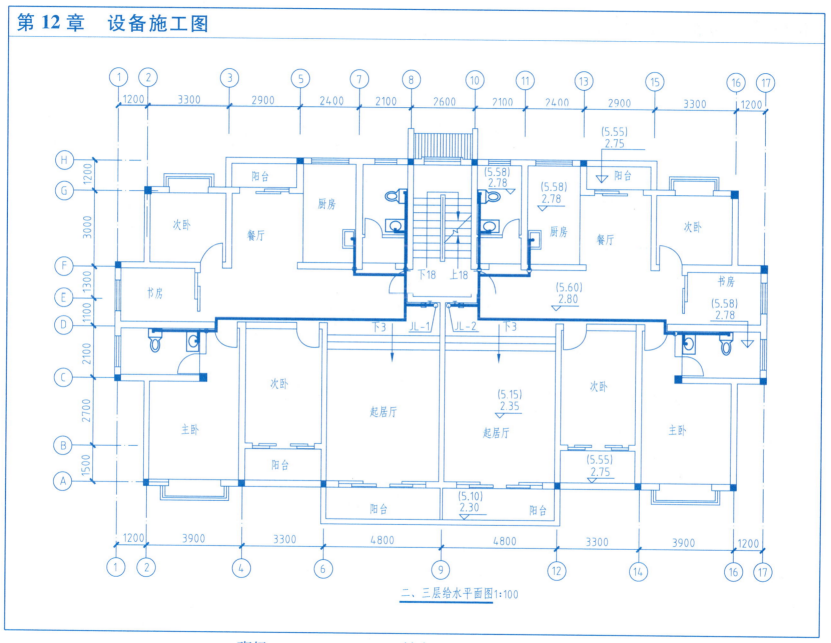

二、三层给水平面图 1:100

第 12 章 设备施工图

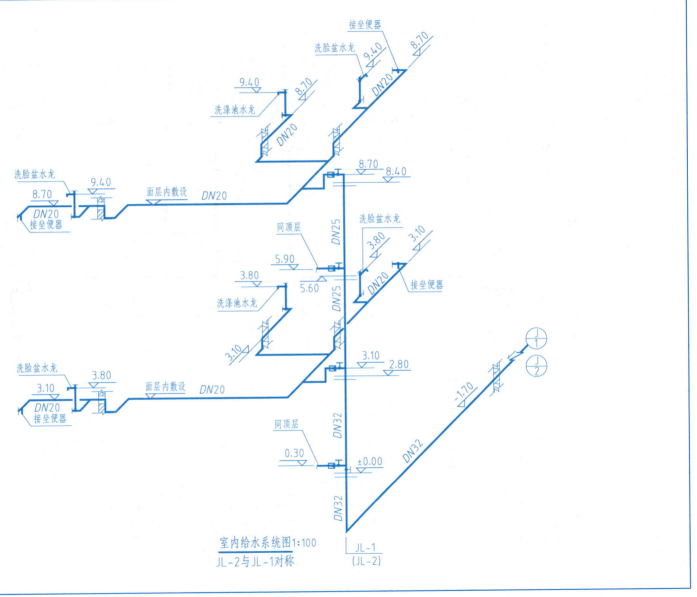

82

第12章 设备施工图

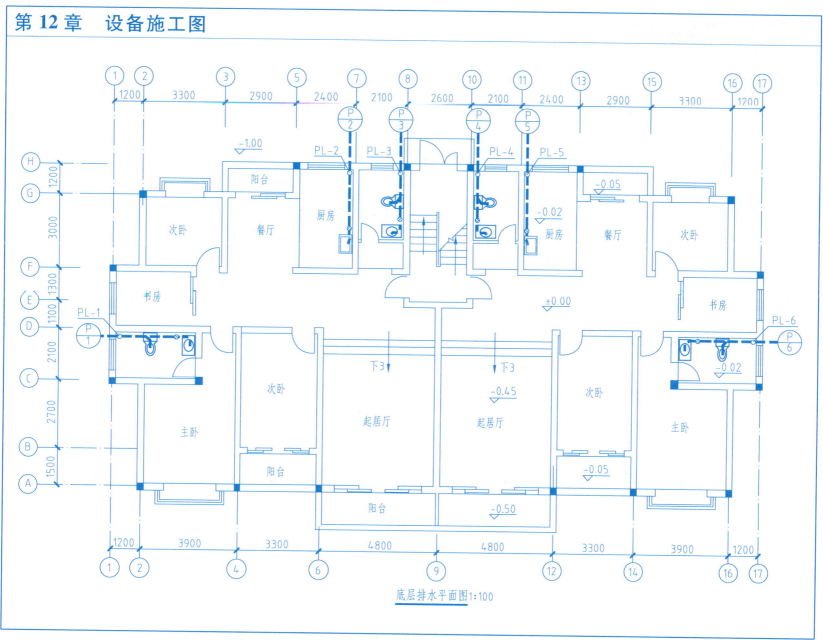

底层排水平面图 1:100

第 12 章 设备施工图

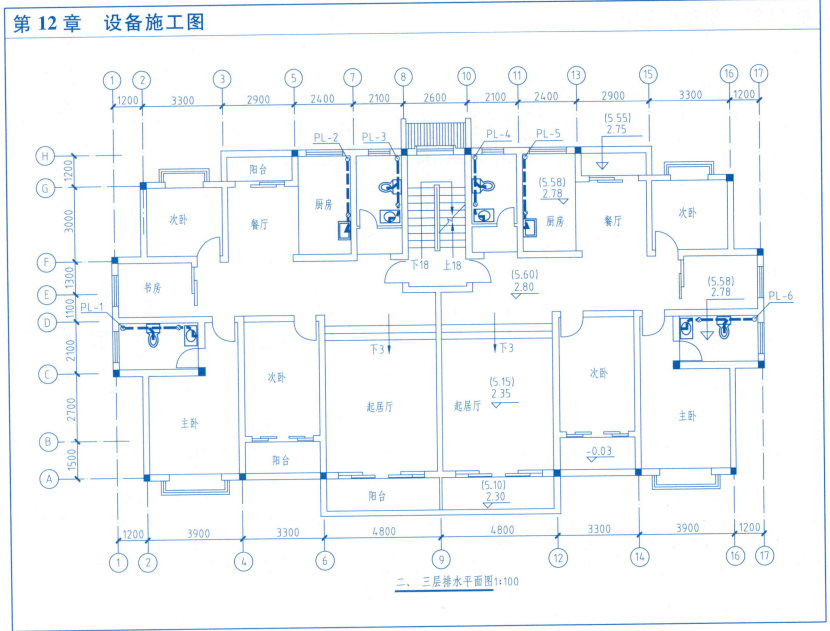

二、三层排水平面图 1:100

第 12 章 设备施工图

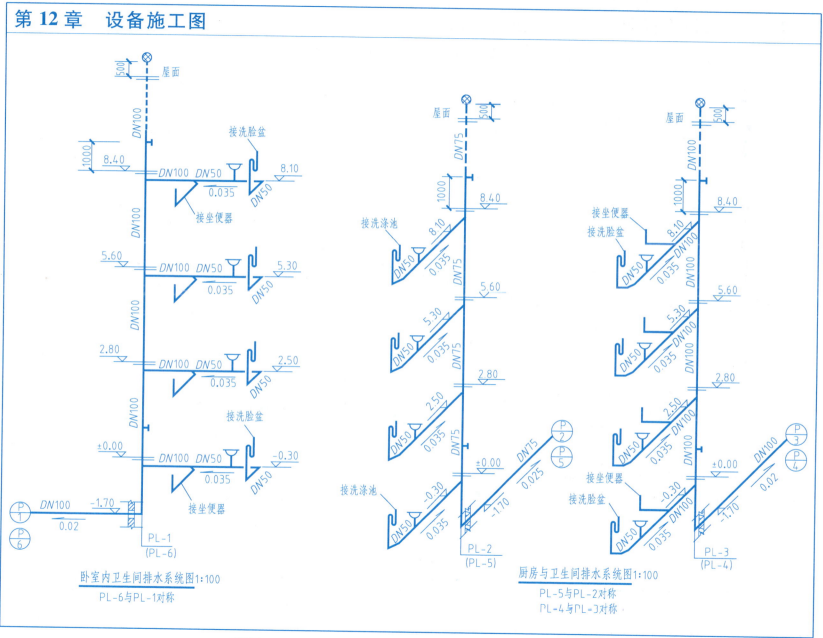

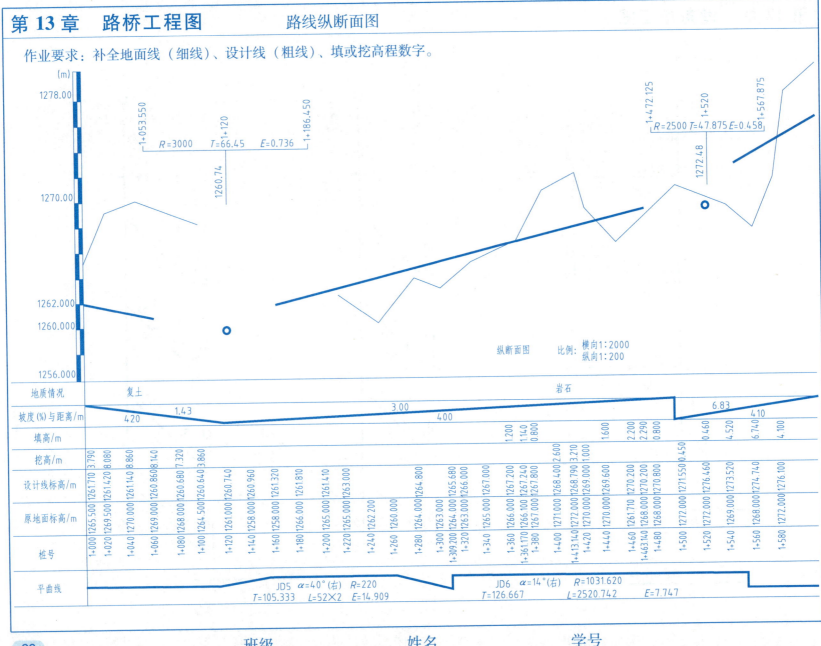

第 13 章 路桥工程图 路线平面图

作业要求：用 A3 图幅（描图纸）抄绘××桥桥位平面图。

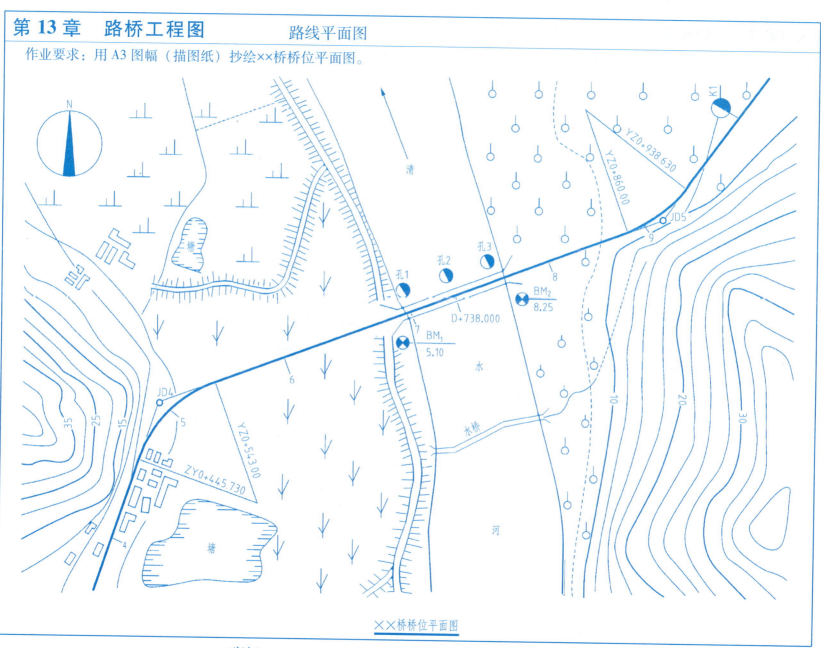

××桥桥位平面图

第 14 章 机械图 — 标准件与常用件

1. 按规定画法，在指定位置绘制螺纹的主、左两视图。

   （1）外螺纹。大径 M16，螺纹长 30mm，螺纹倒角 C2。

   （2）内螺纹。大径 M16，螺纹长 20mm，钻孔深 30mm，螺纹倒角 C2。

   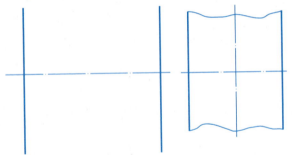

   （3）将上述内、外螺纹旋合，旋入长度为 15mm，画出螺纹连接的主视图。

2. 给出下列标注的意义。

   M20×2LH–6g–s

3. 下列四组螺钉的画法，哪个画得正确？（　　　）

   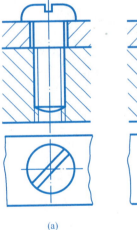
   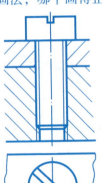
   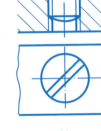
   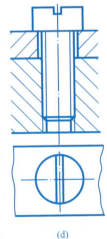

   (a)　　　(b)　　　(c)　　　(d)

第 14 章 机械图　标准件与常用件

4. 已知大齿轮的模数 $m=3$mm，齿数 $z_1=30$，小齿轮的齿数 $z_2=15$，试计算大、小齿轮的主要尺寸，并完成两直齿圆柱齿轮的啮合图（比例 1∶1）。

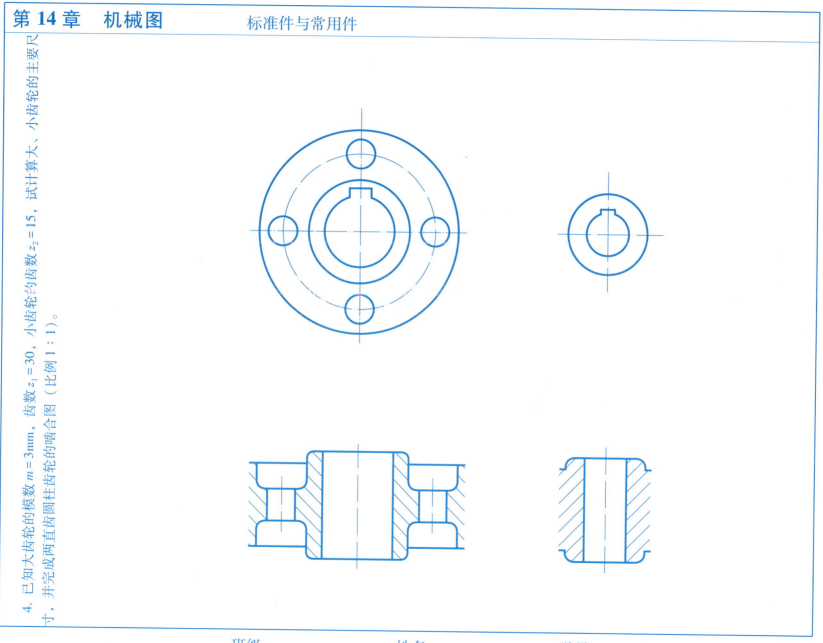

第 14 章 机械图   标准件与常用件

5. 已知螺栓 GB/T 5780 M16×80，螺母 GB/T 41 M16，用比例法画出螺栓连接的主、俯视图（比例 1∶1）。

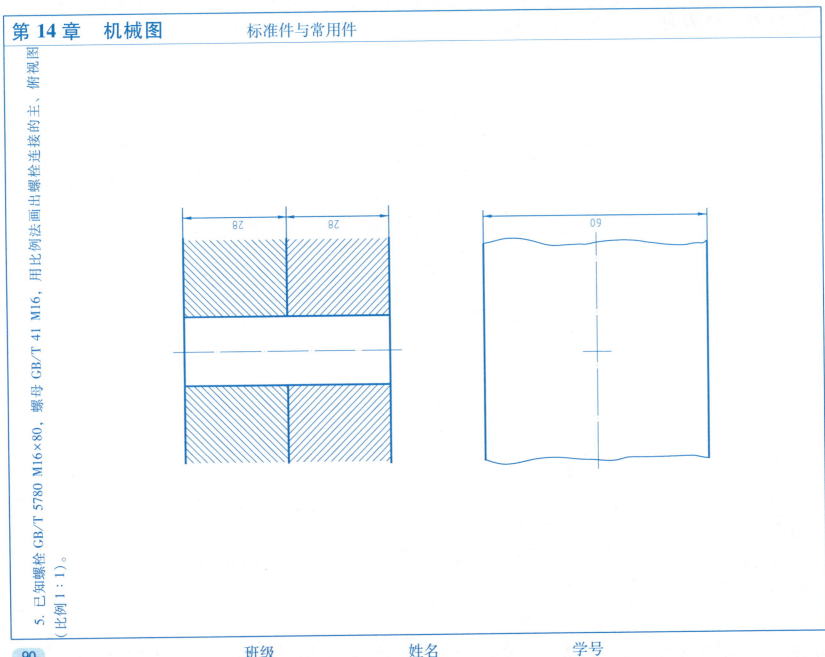

第 14 章 机械图　零件图

1. 阅读零件图，想象零件的形状。

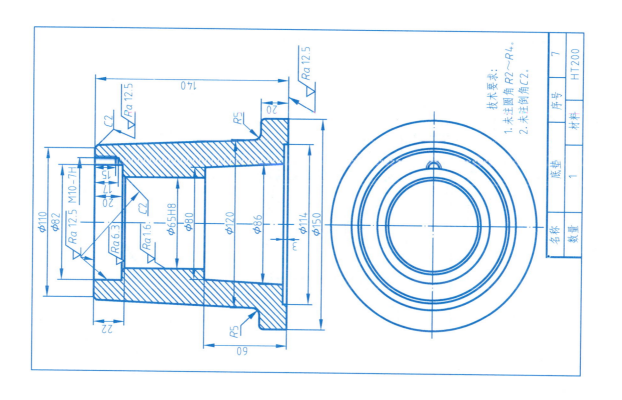

第 14 章　机械图　　零件图

2. 阅读零件图，想象零件的形状。

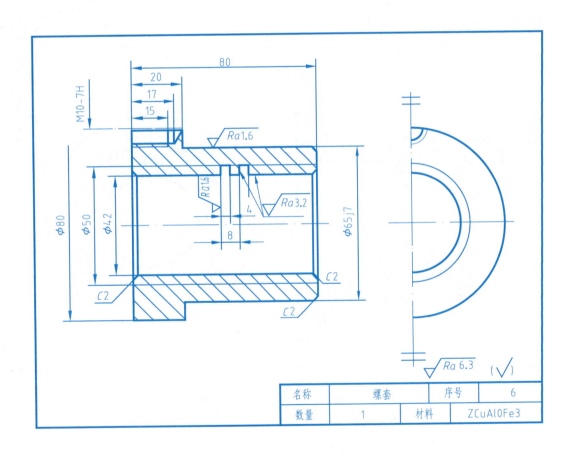

第 14 章 机械图　零件图

3. 阅读零件图，想象零件的形状。

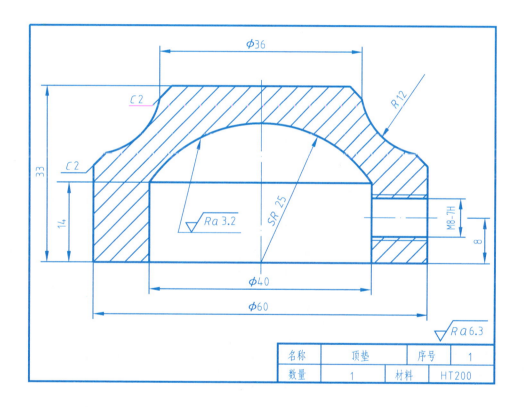

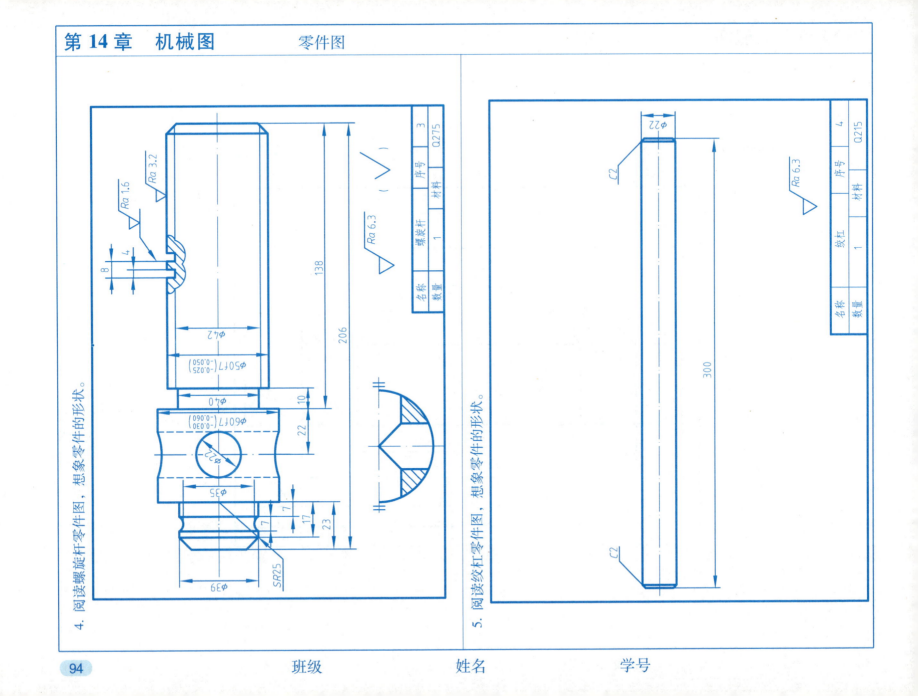

第14章 机械图 装配图

根据千斤顶的轴测装配图,看懂下列千斤顶的工作原理,想象装配图。

1. 千斤顶工作原理:

千斤顶是汽车修理和机械安装过程中常用的一种起重、顶压工具,常用来顶举重物。工作时,旋动穿在螺旋杆孔中的绞杠,使螺旋杆在螺套中上、下移动;上升时,顶垫上的重物被顶起。螺套镶在底座内,并由螺钉定位,磨损后便于更换修配。顶垫由螺钉与螺旋杆连接但不固定,使顶垫不随螺旋杆一起旋转,同时也不脱落。

2. 千斤顶轴测装配图。

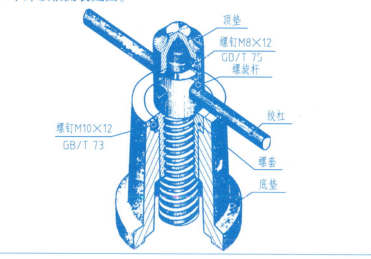

3. 阅读千斤顶装配轴测图和装配示意图,看懂后阅读第96页千斤顶装配图,结合零件明细表说明:

(1) 千斤顶由几个零件装配而成?其中有几个标准件?
(2) 千斤顶是如何进行工作的?
(3) 哪些是运动零件?哪些是非运动零件?运动零件是怎样进行运动的?
(4) 哪些尺寸为配合尺寸?该采用什么配合?
(5) 哪些尺寸是总体尺寸?
(6) 从装配图中找出底垫零件的轮廓线,想象该零件的形状,并对比习题集第91页中底垫的零件图看是否相符。

4. 千斤顶装配示意图。

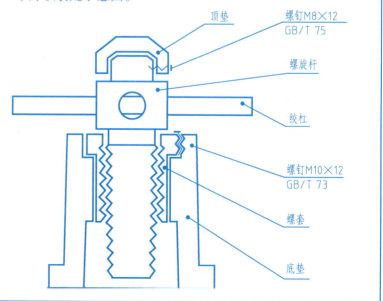

第14章 机械图 装配图

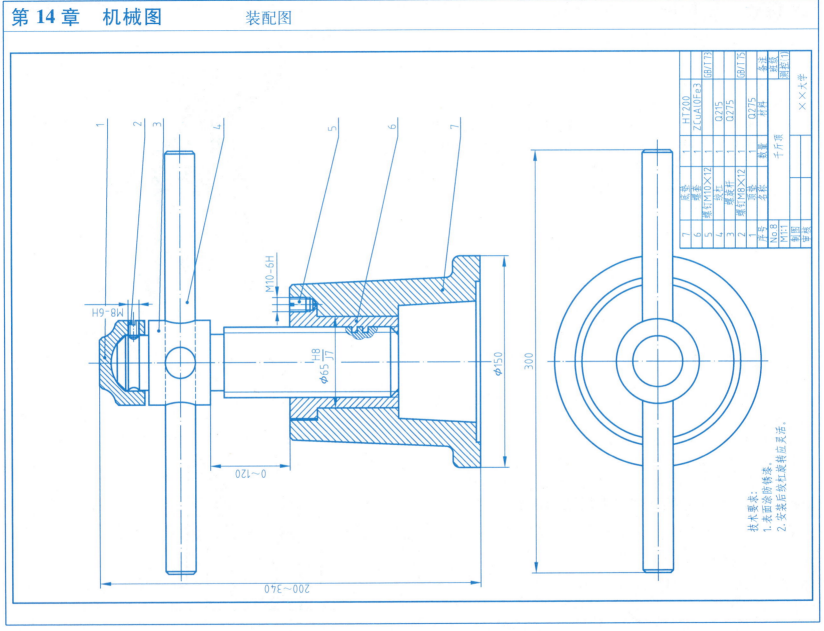

参 考 文 献

[1] 中华人民共和国住房和城乡建设部. 房屋建筑制图统一标准：GB/T 50001—2017 [S]. 北京：中国建筑工业出版社，2018.
[2] 中华人民共和国住房和城乡建设部. 总图制图标准：GB/T 50103—2010 [S]. 北京：中国计划出版社，2011.
[3] 中华人民共和国住房和城乡建设部. 建筑制图标准：GB/T 50104—2010 [S]. 北京：中国计划出版社，2011.
[4] 中华人民共和国住房和城乡建设部. 建筑结构制图标准：GB/T 50105—2010 [S]. 北京：中国建筑工业出版社，2010.
[5] 中华人民共和国住房和城乡建设部. 建筑给水排水制图标准：GB/T 50106—2010 [S]. 北京：中国建筑工业出版社，2010.
[6] 中华人民共和国住房和城乡建设部. 暖通空调制图标准：GB/T 50114—2010 [S]. 北京：中国建筑工业出版社，2011.
[7] 中华人民共和国建设部. 道路工程制图标准：GB 50162—1992 [S]. 北京：中国计划出版社，1993.
[8] 中华人民共和国住房和城乡建设部. 混凝土结构施工图平面整体表示方法制图规则和构造详图：现浇混凝土框架、剪力墙、梁、板：22G101-1 [S]. 北京：中国计划出版社，2022.
[9] 莫正波，高丽燕. 土建工程制图习题集 [M]. 2版. 北京：中国电力出版社，2016.
[10] 何懑，姜义锐. 画法几何与土木工程制图习题集 [M]. 北京：机械工业出版社，2021.
[11] 丁宇明，杨谆，黄水生，等. 土建工程制图习题集 [M]. 4版. 北京：高等教育出版社，2021.